Drechseln wie die Profis

Das Praxisbuch für Einsteiger und Fortgeschrittene: Die schönsten Drechselprojekte Schritt für Schritt erfolgreich fertigstellen

Tobias Bergstein

Email: info@edition-lunerion.de
www.edition-lunerion.de

Psiana eCom UG
Berumer Str. 44
26844 Jemgum

INHALT

Vorwort

Sie haben schon immer bewundert, wie Bekannte oder Freunde von Ihnen in ihrer eigenen Handwerkskammer die schönsten Gegenstände eigenhändig herstellen? Sie möchten auch einsteigen in den Club der Hobbyhandwerker und in Zukunft Gegenstände für Ihr Eigenheim oder für Freunde herstellen? Oder haben Sie gar schon etwas Handwerkserfahrung und möchten diese nur etwas auffrischen oder erweitern? In diesem Handbuch finden Sie bestimmt, was Sie suchen. Ob bereits Hobbyhandwerker oder kompletter Einsteiger – der Einstieg ins Drechseln ist etwas für jedermann.

Handwerk hat eine lange Tradition – zu Zeiten, in denen Maschinen noch nicht erfunden waren, gab es schließlich keine andere Möglichkeit, wichtige Gebrauchsgegenstände selbst herzustellen. Und auch heute gibt es professionelle Handwerker, die die schönsten und individuellen Alltagsgegenstände herstellen. Solche Gegenstände haben stets etwas Persönliches und Authentisches. Und noch deutlicher ist dies, wenn Sie Ihr Handwerk nicht vom Profi fertigen lassen, sondern in Ihrer eigenen Werkstatt herstellen. Es gibt einen persönlichen Weg, Ihr Eigenheim etwas aufzufrischen oder besonders schöne Geschenke für Freunde und Familie zu besorgen. Und mit ein wenig Übung werden Sie ganz schnell den richtigen Dreh raushaben – den sprichwörtlichen und den tatsächlichen. Denn beim Drechseln geht es schließlich um das

Bearbeiten eines Materials durch Drehen. Eine besonders vielfältige Methode, Holz und eine Vielzahl anderer Materialien in Form zu bekommen.

Also zögern Sie nicht lange und starten Sie Ihr eigenes Handwerksprojekt. In diesem Sinne: Viel Erfolg und Freude mit diesem Buch.

Einleitung

Dieses Buch soll Sie näher an das Handwerk des Drechselns bringen. Dabei handelt es sich um eine Handwerksmethode, die Drehbewegungen benutzt, um das Materialstück zu bearbeiten. Ursprünglich wurde vorrangig Holz genutzt, jedoch gibt es viele Materialien, die sich für das Drechseln eignen. Entsprechend vielseitig ist auch das Handwerk selbst. Lernen Sie daher in diesem Buch alles über die verschiedenen Anwendungsmethoden und die Materialien, die Sie verwenden können. Ihnen werden außerdem die wichtigsten Werkzeuge vorgestellt, die Sie zum Drechseln benötigen. Womöglich haben Sie ja zuhause schon eine kleine Werkstatt und einen Grundstock an Werkzeugen – umso besser. Falls nicht, keine Sorge: Die Grundausstattung ist sehr übersichtlich und leicht zu beschaffen.

Außerdem finden Sie in diesem Buch praktische Anleitungen für Ihre ersten Probewerke. Lernen Sie Schritt für Schritt, wie Sie erste Gegenstände selbst drechseln und wie Sie nach und nach besser werden.

Ein paar simple Projekte erleichtern den Einstieg – später können Sie dann kompliziertere Werke wagen. Anfangen werden Sie vermutlich mit Holz, dem nach wie vor beliebtesten Material im Drechslerhandwerk. Daher gibt es im Anhang als Bonus noch einige wertvolle Tipps zur Nachbehandlung und Pflege von Holz. Schließlich möchten Sie Ihre Werke auch langfristig schön und glänzend erhalten. Sie werden aber auch andere Materialien kennenlernen.

Alles in allem soll dieses Buch den Einstieg ins Drechslerhandwerk erleichtern und Sie bestmöglich auf die ersten Werke vorbereiten. Schon bald werden Sie allerlei schöne Dinge fertigen können. Das notwendige Hintergrundwissen wird die Arbeit um einiges einfacher machen. Am Ende der Lektüre können Sie sich sicherlich an einigen ersten Arbeiten erfreuen. Überraschen Sie Ihre Liebsten doch mit selbstgefertigten Geschenken oder personalisieren Sie Ihren eigenen Haushalt. Vielleicht möchten Sie aber auch nur handwerken um des Handwerkens Willen – Handarbeit in jeglicher Form kann schließlich auch einfach nur Freude machen oder sogar etwas Meditatives haben. In jedem Fall werden Sie am Ende dieser Lektüre alle notwendigen Basisinformationen erhalten haben.

Also, worauf warten Sie noch? *Los geht's!*

Drechseln – ein Handwerk mit Tradition

Drechseln ist ein Handwerk mit langer Tradition. Seine Geschichte geht weit, beinahe bis zum Beginn der Menschheitsgeschichte, zurück. Erfahren Sie in diesem Kapitel alles über die Hintergründe und die Entstehung des Drechselns sowie über den Wandel seiner Nutzung im Laufe der Zeit.

DIE GESCHICHTE UND TRADITION DES DRECHSELNS

Als Drechseln wird ein Handwerk bezeichnet, bei dem, wie in der Einleitung schon erwähnt, das Material auf eine bestimmte Art gedreht wird. Durch diese Drehung gelingt eine besondere Art der Bearbeitung, die eine feinere und damit auch meistens bessere Bearbeitung und Erschaffung bestimmter Formen (insbesondere Rundungen) ermöglicht.

Die Drehbewegung als Anwendungsmethode hat sich schon zu Urzeiten in vielerlei Hinsicht bewiesen. Die Neandertaler entdeckten, dass das Drehen von Gegenständen ganz neue Möglichkeiten aufbringen kann, als sie anfingen, mit einem runden Holzstab Feuer zu machen. Dieses Stück Holz wurde in die Vertiefung eines anderen

Holzstückes gesetzt, daneben andere brennbare Materialien platziert, wie etwa ein Feuerschwamm oder Zunder, und dann wurde er schnell zwischen den Händen hin und her gedreht. Durch das schnelle Drehen und die dadurch entstandene Reibung entzündete sich das Brennmaterial und der Mensch hatte ein Feuer entfacht. Diesen runden Holzstab, der dabei als Werkzeug fungierte, nannte man später *Feuerstab* oder *Feuerquirl*. Sehr schnell erkannte der Mensch, dass diese Drehtechnik sich auch bei vielen anderen Gelegenheiten als hilfreich erwies und er begann, mit Drehmethoden Werkzeuge und erste Gebrauchsgegenstände zu schaffen.

Drechseln ist die heutige Bezeichnung eben dieses Drehens zur Bearbeitung eines Werkstücks zur Fertigung von Gegenständen und Werkzeugen. Beim Drechseln, wie man es auch heute kennt, wird das Werkstück auf einer Achse eingespannt, die sich mit großer Geschwindigkeit um sich selbst dreht. Der Handwerker, *Drechsler* genannt, bearbeitet das Werkstück nun mit einem sogenannten *Drechseleisen*. Holz ist dabei das meist verwendete Arbeitsmaterial, jedoch eignen sich auch eine Reihe anderer Rohstoffe zur Bearbeitung auf dem Drechselgerät. Ein solches erstes Drechselgerät ist schon seit über 3500 Jahren bekannt und damit eine altbewährte Technik. Das erste Drechselgerät der Welt entstand aus dem ersten mechanischen Gerät der Menschheitsgeschichte, dem sogenannten *Fiedelbohrer*. Mit dem Fiedelbohrer wurde das Werkstück in eine Vorrichtung gebracht und mit einer freien Hand Druck auf den damals noch senkrecht stehenden Bohrer ausgeübt. Dadurch wurde eine insgesamt schnellere Drehbewegung erzeugt. Anschließend konnten die Gegenstände mit einem Metallmesser weiterverarbeitet werden. Erste frühe Darstellungen eines solchen Fiedelbohrers finden sich bereits in altägyptischen Grabstätten in Form von Bildern. Diese sind wahrscheinlich um das Jahr 2650 v. Chr. entstanden. Jahre später wurde die Drehachse aus der senkrechten in die horizontale Ebene verlagert.

Der älteste Fund eines fertig gedrechselten Werkes stammt etwa aus dem frühen 7. Jahrhundert v. Chr. Gefunden wurde es im damaligen Corneto (heute Tarquinia), einer Stadt in Mittelitalien. Damals lebten die Etrusker in diesen Gegenden, die bereits sehr geschickt im Handwerk allgemein und gerade auch im Drechseln waren und damit allerlei schöne Schalen und sogar Möbelfüße herstellen konnten. Auch heute noch ist die Stadt Tarquinia bekannt für ihre etruskischen Ausgrabungsstätten. Über die nachfolgenden Kelten kam das Handwerk des Drechselns schließlich auch in die nördlichen Gebiete des heutigen Europas. Im 3. Jahrhundert v. Chr. lässt sich das Drechslerhandwerk auch in Deutschland nachweisen.

Auf diese raffinierte Art und Weise verarbeitete man damals vorrangig, aber nicht ausschließlich Holz. Viele andere Materialien konnten bereits mithilfe der frühen Drechselgeräte in runde Formen gebracht werden. Dazu gehörten etwa Kalkstein, Sandstein, Knochen, Bernstein und sogar Bronze, Marmor und Elfenbein. Letztlich konnte man beinahe alle härteren Materialien, die sich zur Herstellung von Werkzeugen oder Gebrauchsgegenständen eigneten, auf der Drechselvorrichtung verarbeiten. Auch in Zeiten, in denen die Handwerkskunst noch weit am Anfang war, konnte man auf diese Art sogar dünnwandige und feine Gefäße herstellen und allerlei andere elegante Gegenstände. Insgesamt wurde Drechseln sehr viel verwendet, da es sich um eine ebenso einfache wie effektive und vielseitige Arbeitstechnik handelte und weil man damit im Prinzip alles herstellen konnte, was im damaligen Alltag gebraucht wurde.

Die ursprüngliche Verbreitung des Drechslerhandwerks fand also zunächst im alten Ägypten (und vermutlich auch in anderen afrikanischen Regionen) statt und breitete sich weit in Europa aus.

Doch die Spuren führen auch in andere Teile der Welt – so lassen sich frühe Anzeichen des Handwerks etwa auch bis nach Kleinasien verfolgen.

Funde in Form von tatsächlichen Werken oder Drechselvorrichtungen fehlen übrigens leider aus dem alten Ägypten vollkommen. Die Funde hier beschränken sich auf Inschriften und Bilder. Diese zeigen jedoch ganz klar damalige Handwerker bei ihrer Arbeit an der Drechselvorrichtung, sodass man eindeutige Hinweise auf die frühe Nutzung des Drechselns in diesen Regionen hat.

Das Drechseln kam im Laufe der Zeit auch zu den alten Griechen. Dort war es wahrscheinlich seit der archaischen Zeit bekannt. Die Archaik bezeichnet eine Zeitepoche im alten Griechenland, etwa zwischen 800 und 500 v. Chr. Wahrscheinlich von den alten Griechen übernommen, kam das Drechseln schließlich auch zu den Römern. Diese sind ebenfalls bekannt für gute Handwerkskunst und prachtvolle Gegenstände wie Werkzeuge, Waffen oder die beliebten Kelche. Bei den Römern waren daher Metalle meist die bevorzugten Arbeitsmaterialien, Holz wurde nur zweitrangig verarbeitet. Häufig wurden zunächst gegossene Werke zur weiteren Verarbeitung auf die sogenannte *Drechselbank*, also die Drechselvorrichtung, gebracht. Damit wurde ihnen der letzte Feinschliff bzw. eine besonders elegante Form gegeben. Übrigens nutzt auch die bei den Römern ebenfalls beliebte Töpferscheibe die Drehbewegung zur Herstellung eleganter und runder Formen.

Eine weitere historische Gruppe, die sich das Drechseln zu Nutze machte, ist die Bevölkerung germanischer Stämme. Als die Germanen begannen, sich in ganz Europa immer weiter auszubreiten, brachten auch sie das Drechseln in alle möglichen Regionen. Aus diesen Zeiten finden sich heute zahlreiche Werke und Bildschriften, die von dem

Drechslerhandwerk zeugen.

Das Drechseln verbreitete sich also im Laufe der Zeit über alle möglichen Regionen und durch eine Vielzahl von historischen Bevölkerungskreisen. In den folgenden Jahrhunderten veränderte es sich nur noch ein wenig – die Werke bekamen teilweise andere Gestalten, die bevorzugten Materialien änderten sich hier und da und die Drechselvorrichtung verbesserte sich. So entstand etwa zur Zeit des 13. Jahrhunderts n. Chr. eine neue Form der Drehbank, die das Arbeiten noch effektiver machte, die sogenannte *Wippdrehbank*. Diese neue Bank sorgte durch ein Pedal, das unten an der Drehbank mit dem Fuß bedient wurde, dafür, dass der Drechsler fortan beide Hände frei hatte, um das Werkstück zu halten und zu drehen. Die Arbeit wurde außerdem von da an im Stehen verrichtet, was auf lange Sicht auch eine deutlich bequemere Arbeitsweise war. Die früheste Darstellung einer solchen Wippdrehbank stammt aus einer französischen Handschrift aus dem 13. Jahrhundert n. Chr., obgleich man jedoch annimmt, dass es sie schon wesentlich länger gibt. Auch diese Wippdrehbank wurde jedoch im späteren Zeitalter, etwa zur Mitte des 16. Jahrhunderts n. Chr., noch einmal verbessert. Statt einer elastischen Stange wurde nun ein richtiger Bogen aus Holz oder sogar aus elastischem Stahl eingesetzt. Eine Darstellung einer solchen verbesserten Drehbank gibt es sogar vom berühmten Künstler Leonardo da Vinci (1452-1519), der bekannt für seine Darstellungen von Anatomie und früher Maschinerie ist. Durch diesen neuen Bogen entstand eine größere Spannung, die es wiederum ermöglichte, auch größere Werkstücke und schwere Materialien wie Eisen zu drehen.

Über viele Jahrhunderte war das Drechseln also eine weitverbreitete und bewährte Methode zur Verarbeitung verschiedenster Materialien – und lange auch ein eigenständiges anerkanntes Handwerk. Etwa zur

Zeit der Renaissance aber wurde das Drechseln in die Handwerke der Schreinerei und des Schnitzens eingegliedert. Eigenständiges Drechseln bzw. eigenständige Drechsler gab es danach kaum noch. Die Methode allerdings wurde weiterhin zur Verarbeitung und Herstellung verschiedener Werke genutzt – nur eben nicht mehr als eigenständiges Handwerk. In den nachfolgenden Zeitaltern erfreute sich das altbekannte Handwerk mal größerer, mal schwächerer Beliebtheit. Ganz verloren ging es jedoch nie, schließlich waren seine Einsatzmöglichkeiten nach wie vor groß und vielfältig. Einzig und allem zum Ende des 18. Jahrhunderts n. Chr. erfuhr es einen solchen Abfall, dass es beinahe verloren ging, erlebte jedoch bald darauf im sogenannten Jugendstilzeitalter wieder einen neuen größeren Aufschwung. Dieser Aufschwung kam zunächst im professionellen Handwerksbereich, bald darauf aber auch im Freizeithandwerk. Diese Entwicklung lässt sich auch heute noch gut erkennen: Sowohl beim berufsmäßigen Schreiner und Schnitzer als auch beim tatsächlichen Drechsler – Drechseln ist im professionellen Handwerk nicht wegzudenken. Aber auch unter den Hobbyhandwerkern erfreut es sich wieder großer Beliebtheit.

Heute wird bei der Technik des Drechselns aufgrund modernerer Maschinen zwischen *Handdrehen* und *Automatikdrehen* unterschieden, wobei das neuere Automatikdrehen vermehrt für Metallarbeiten genutzt wird. Hingegen findet das altbekannte Handdrehen eher bei Holzarbeiten seinen Einsatz. Die Drehbänke, die für die reine Holzverarbeitung gemacht wurden, sind meistens ein wenig leichter als diejenigen, die sich auch für die entsprechend schwereren Werkstücke etwa aus Metall eignen sollen. Zu den verschiedenen Drehbänken jedoch im späteren Verlauf mehr. Erfahren Sie zuvor noch ein wenig über den Wandel, den das Drechseln im Laufe der verschiedenen Zeitalter miterleben durfte – im folgenden Abschnitt wird Ihnen veranschaulicht, wie verschieden die Einsatzgebiete über die Jahrhunderte waren.

DRECHSELN IM WANDEL DER ZEIT

Sie wissen nun, dass Drechseln eine lange Erfolgsgeschichte hat. Das Handwerk war zu vielen Zeiten beliebt und vielfach genutzt. Die Vielfalt der verwendeten Materialien ist groß und die Diversität der gedrechselten Werke nahezu noch größer. Von Werkzeugen und Gebrauchsgegenständen abgesehen, wurden in einigen Zeitaltern auch Möbel hergestellt und später sogar notwendige Präzisionsteile, wie man sie für erste Maschinen und Motoren benötigte (etwa die Dampfmaschine). Dabei gab und gibt es verschiedene Techniken im Drechselbereich. Je nach Zielsetzung wurde das Material entweder quer oder längs zu seiner Faserrichtung gedreht, es wurde einseitig oder zweiseitig eingespannt und mit diversen und unterschiedlich geformten Dreheisen bearbeitet. Die verschiedenen Techniken werden Ihnen im Laufe dieses Buches auch noch vorgestellt.

Betrachtet man die Geschichte des Drechselns noch ein wenig genauer, fällt jedoch auf, dass das Drechseln zwischendurch nicht mehr nur reines Handwerk zur Anfertigung von Gebrauchsgegenständen war. Dies begann in etwa zur Barockzeit. Das Drechseln an sich erfreute sich zu dieser Zeit immer noch größter Beliebtheit – womöglich mehr als je zuvor und je danach. Doch es wurde nicht mehr ausschließlich als Handwerk betrachtet, das eher für die einfacheren Bürger da war, sondern vielmehr als eine Art Kunst. Damit wurde das Drechseln zum barocken Zeitalter sogar hoffähig. Fürste, Zaren, Päpste und sogar Kaiser und Könige gingen nun selbst unter die Drechsler. Sie fertigten eigenhändig zahlreiche elegante Kunst- und Gebrauchsgegenstände an – so beschäftigte sich der Adel sogar mehrere Jahrhunderte. Drechseln war plötzlich kein notwendiges Werken mehr, um notwendige Gebrauchsgegenstände herzustellen, es war Kunst und damit eines der beliebtesten Hobbys der Aristokraten. Gerade zur damaligen Zeit war dies eine große Besonderheit, da doch zumeist Handarbeit in jeglicher Form und aristokratisches Leben als miteinander unvereinbar galten. Natürlich heißt das nun auch nicht, dass der Adel fortan alle notwendigen Haushaltsgegenstände selbst zimmerte, vielmehr drechselte er Kunst- und Dekorationsgegenstände.

Eigentliche Gebrauchsgegenstände oder gar Werkzeuge wurden weiterhin von den einfachen Handwerkern hergestellt. Selbst die Gegenstände, die ursprünglich mit einem speziellen Nutzen erfunden und angefertigt wurden, wie etwa Trinkpokale, wurden zunehmend dünnwandig und kurvig, gedreht und geschraubt, bis der eigentliche Nutzen vollkommen verloren ging oder sogar teilweise gar nicht mehr zu erkennen war. Aus einfachen Kelchen zum Trinken wurden vornehme Trinkpokale mit allerlei Verzierung und schließlich Trinkpokale, die so dünnwandig waren, dass man aus ihnen gar nicht mehr trinken konnte, ohne Gefahr zu laufen, sie augenblicklich zu zerbrechen. Der Gebrauchswert der Gegenstände ging völlig verloren, der künstlerische und dekorative Wert stieg. Zudem wurden vermehrt edle Materialien wie Edelmetalle und Elfenbein verwendet. Einfaches Holz passte nicht zum aristokratischen Luxus, edle weiße, glatt polierte Oberflächen und glänzender Schimmer hingegen schon. Und sogar die Drechselbänke selbst wurden in diesem Zeitalter luxuriöser. Sie wurden edler gestaltet und sogar verziert, denn auch eine einfache Holzbank passte nicht zum sonst so prunkvollen Lebensstil der Adligen. So kann man heute in einigen Überresten vergangener Aristokratie auch Sammlungen von ebendiesen prunkvollen Drechselbänken und der mit ihnen hergestellten Werke finden.

Neu in diesem Zeitalter waren außerdem die sogenannten *Vieleckdrehbänke* und die *Ovaldrehbänke*. Beides waren neue Varianten der einfachen Drechselbank, die durch eine besondere Steuerung erstmals Abweichungen von den ursprünglich runden Formen ermöglichten.

So driftete das Drechseln im Laufe der Zeit immer weiter in den künstlerischen Bereich und vom eigentlichen handwerklichen Ursprung ab. Etwa in der Mitte des 18. Jahrhunderts n. Chr. war das Drechseln so weit in Richtung Kunst gedrängt worden, dass sich nunmehr fast ausschließlich künstlerische Kuriositäten unter den gedrechselten Werkstücken befanden – von Alltags- und Gebrauchsgegenständen keine Spur mehr. Je weiter dieser Prozess voranschritt, desto mehr wandten sich auch die letzten Handwerker vom Drechseln ab. Mit diesem Abfall verlor das Drechseln allgemein an Bedeutung. Die zunehmende künstlerische Ausweitung verlor schließlich irgendwann auch ihr Ansehen, sodass mit dem Ende der barocken Zeit auch das Drechseln einen seiner wohl größten Tiefpunkte erreicht hatte und beinahe in Vergessenheit geriet. Erst Ende der modernen 70er Jahre kam das Drechseln wieder mehrfach als eigentliches Handwerk zum Einsatz. Seitdem erfreute es sich seines Gebrauchs wieder zahlreicher, bis etwa zur Zeit der deutsch-deutschen Wiedervereinigung.

Im Laufe der Jahre verlor sich das Drechseln dann wieder ein wenig. Heutzutage ist es nicht mehr ganz so populär, befindet sich jedoch möglicherweise wieder in der Aufschwungphase. Es gibt eine Reihe von Vereinen, Hobbygruppen und Handwerkern, die sich heute wieder des Drechselns erfreuen. Das Drehen an sich in verschiedenen Techniken ist sowohl im Hobbybereich als auch im professionellen Bereich immer noch weit verbreitet. Diese Arbeitsmethoden sind für viele Werke unerlässlich. Doch die Nutzung einer altmodischen Drechselbank ist in einigen Bereichen wieder in den Hintergrund geraten.

Wenn Sie sich jedoch auf die Suche nach einer lokalen Hobbygruppe oder einem Kurs oder sogar einem Verein machen, werden Sie in der nächstgrößeren Stadt sicherlich fündig. Gerade im Süden Deutschlands scheinen wieder viele Hobbyhandwerker und Gruppen das Drechseln unter die Leute zu bringen. Außerdem gibt es einige bekannte Handwerkskünstler, die das Drechseln für die Herstellung einzigartiger Spielzeuge und Gegenstände nutzen. Dazu gehören zum Beispiel die beliebten Holzfiguren aus dem Erzgebirge. Durch das Drechseln werden auch bei kleinen Figuren wichtige Grundformen wie Körper, Arme und Beine sowie andere Teile der Gestalten erarbeitet. Diese Erzgebirgskunst ist in ganz Deutschland bekannt und gerade zur Weihnachtszeit äußerst beliebt. Sie finden die Figuren auf nahezu jedem größeren Weihnachtsmarkt.

Und auch beim professionellen Schreiner und Schnitzer rückt das Drechseln langsam wieder mehr in den Vordergrund. Drechseln ist also insgesamt wieder näher an seiner ursprünglichen Bestimmung – dem Handwerk zur Fertigung von Alltags- und Gebrauchsgegenständen. Von den barocken Kuriositäten, die leider auch zum Untertauchen des Drechselns beitrugen, ist heute eher nicht mehr viel übrig. Auch wenn die berühmten Erzgebirgsfiguren schon als eigene Kunst betrachtet werden können, ist hier das eigentliche Handwerk klar im Mittelpunkt. Das mag auch an unserem modernen Zeitalter liegen, in denen der Gebrauchswert wieder einen höheren Stellenwert hat als in der Barockzeit, in der Kunst und Schönheit gerade für den Adel wichtiger waren.

Eine besonders beliebte Nutzung des Drechselns ist übrigens auch heute noch die Spielzeugherstellung. Spielzeuge wurden schon zu alten Zeiten gerne durch das Drechseln hergestellt – eines der wohl beliebtesten ist der Kreisel, der seinen Weg durch viele Jahrhunderte und Kulturen geschafft hat, und zwar so vielfältig, dass man heute nicht einmal mehr sagen kann, wo sein Ursprung liegt – Rom, Japan, China, Ägypten und weitere.

Als Hobbyhandwerker können auch Sie fortan die verschiedensten Gegenstände für Ihren Alltag herstellen. Einige Handwerker drechseln mitunter sogar Urnen für die Asche Verstorbener. Der Umgang mit dem Tod ist zwar ein sehr Persönlicher, doch dem ein oder anderen scheint es sogar zu helfen, ein wenig Handarbeit und etwas Persönliches einzubringen und durch den physischen Arbeitsprozess auch den mentalen Verarbeitungsprozess zu unterstützen. Ein wenig fröhlicher mag die Fertigung von Spielwaren für die eigenen Kinder sein. Auch persönliche Weihnachtsgeschenke sind ein glänzender Anlass. Oder machen Sie sich selbst eine Freude und drechseln Sie Gebrauchsgegenstände für Ihre Wohnung. Heutzutage wird auch wieder vermehrt der Fokus auf die Bearbeitung von Holz gelegt anstatt auf Metalle oder andere Materialien. Insbesondere beim Hobbyhandwerker ist Holz das beliebteste Material. Es hat auch den entscheidenden Vorteil, dass es im heutigen Zeitalter besonders einfach zu bekommen und dass es dazu noch ein besonders nachhaltiger Rohstoff ist.

Am Ende dieses Buches sollten Sie alle notwendigen Informationen haben, um Ihre ersten Vorhaben erfolgreich umzusetzen. Sie werden schnell selbst merken, wie vielseitig die Einsatzmöglichkeiten Ihrer Drechselbank sind, und mit ein wenig Übung gelingen Ihnen sicherlich auch die verschiedensten Werke – obgleich Sie Alltags- und Gebrauchsgegenstände für Ihren eigenen Haushalt herstellen oder sich doch lieber an künstlerische Figuren und elegante Dekorationsartikel wagen möchten. Womöglich möchten Sie sogar Ihre eigenen Möbel bauen? In Ihrer eigenen Handwerkskammer setzen allein Sie die Grenzen.

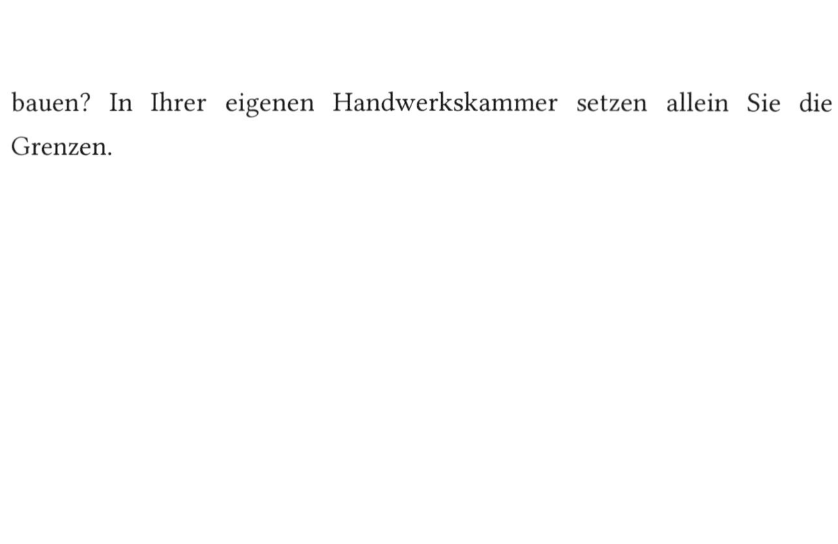

Werkzeugkunde

Ohne das richtige Werkzeug funktioniert natürlich kein Handwerk. Bevor Sie loslegen können, ist es hilfreich, sich einen Überblick über die Werkzeuge, die Sie zum Drechseln benötigen, zu verschaffen. Das Wichtigste wird natürlich die Beschaffung einer Drechselbank sein (es sei denn, Sie können die eines befreundeten Handwerkers oder einer Hobbygruppe mitnutzen). Drechselbänke gibt es zahlreiche verschiedene – darunter Modelle für den Einstieg, für Fortgeschrittene, für größere oder kleinere Arbeiten, für die Verarbeitung verschiedener Materialien usw. Ein wenig verwirrend kann dies am Anfang schon sein, doch keine Sorge: Nachdem Sie einen kurzen Überblick bekommen haben, werden Sie sich sicherlich schnell für die für Sie am besten geeignete Bank entscheiden können.

Genauso verwirrend kann am Anfang die Vielzahl der möglichen Einsätze und zusätzlichen Werkzeuge sein. Lassen Sie sich davon jedoch nicht entmutigen. Auch hier ist lediglich ein erster Überblick entscheidend. Gerade für den Einstieg brauchen Sie schließlich auch nicht die teuersten und vielfältigsten Werkzeuge. Eine Grundausstattung für den Anfang kann sehr übersichtlich sein und ist dennoch vollkommen ausreichend.

Daher erhalten Sie in diesem Kapitel eine grundlegende Übersicht über die wichtigsten Werkzeuge und alles Wissenswerte über den Kauf einer Drechselbank. Die Liste ist natürlich lange nicht abschließend, enthält jedoch alle notwendigen Informationen für den Einstieg. Für Ihre allerersten Arbeiten an der Drechselbank brauchen Sie auch nicht alles, was Sie in diesem Kapitel finden – nehmen Sie sich daher ruhig Zeit, in Ruhe zu schauen, welche Werkzeuge tatsächlich unabdingbar sind, und überlegen Sie, welche Arbeiten Sie zunächst anfertigen möchten. Oder haben Sie schon genau im Kopf, was Ihr erstes Werk sein soll? Umso besser. Schauen Sie, welche Werkzeuge zur Anfertigung dieses Gegenstandes hilfreich sind – der passende Gebrauch der Werkzeuge wird Ihnen ebenfalls in diesem Kapitel erklärt.

Und behalten Sie immer im Hinterkopf: Es schadet nicht, zunächst mit einem sehr überschaubaren Grundstock anzufangen. Wenn Ihnen die ersten Arbeiten dann geglückt sind, können Sie Ihren Grundstock nach und nach um weitere Werkzeuge oder Einsätze für die Drehbank erweitern.

Eine Übersicht des wichtigsten Zubehörs:

1. Drechselbank mit Planscheibe, Spannfutter und Einschlagfutter
2. Flachmeißel
3. Abstechstahl
4. Verschiedene Röhren
5. Schlichtstahl, Ausdrehstahl und Plattenstahl
6. Haken und Ringeisen

DIE ZWEI WICHTIGSTEN DREHARTEN BESTIMMEN IHR WERKZEUG

Die Art der Holzarbeit bestimmt ganz maßgeblich das Werkzeug, welches Sie zur Anfertigung benötigen. Das beinhaltet nicht nur das jeweilige Werkstück, sondern auch die Technik, die Sie zur Anfertigung anwenden möchten. Grundsätzlich kann man sogenanntes *Langholzdrehen* vom *Querholzdrehen* unterscheiden. Beim Langholzdrehen verlaufen Holzfasern und Drehachse parallel zueinander, beim Querholzdrehen verlaufen die Fasern im rechten Winkel zur Drehachse. Die verschiedenen Techniken werden Ihnen später noch ausführlicher erklärt. Dies nur so weit als Hinweis vorweg, da manche Werkzeuge sich für die eine oder andere Drehtechnik besonders gut eignen.

DIE DRECHSELBANK

Eine ordentliche Drechselbank ist das A und O für das Drechslerhandwerk. Diese Bank wird aufgrund ihrer Funktion häufig auch schlichtweg als *Drehbank* bezeichnet. Sie besteht aus mehreren Teilen, die gemeinsam eine schnelle Rotation erzeugen. Das Werkstück wird in der Mitte der Bank zwischen zwei Elemente gespannt und dort durch die Drehbewegung bearbeitet. Die beiden Elemente, zwischen denen das Werkstück gespannt wird, bezeichnet man als *Spindelstock* (auf der linken Seite) und als *Reitstock* (auf der rechten Seite). Den Grund der Drechselbank, auf dem auch diese beiden Elemente stehen, bezeichnet man als *Maschinenbett.* Er besteht zumeist aus Gusseisen, um der Bank einen festen Stand zu ermöglichen. Damit die Hand beim Arbeiten nicht abrutscht, gibt es bei der klassischen Drechselbank eine Handauflage. Teilweise bieten die heutigen Drechselbänke auch eine spezielle Werkzeugauflage.

Dieser Gesamtaufbau der Bank ermöglicht es, das Werkzeug mit einer Hand entlang der Längs- oder Querachse zu führen und mit der anderen Hand das Werkstück oder Werkzeug zu fixieren.

Tipp: Achten Sie beim Kauf der Drechselbank auf ausreichend gute Qualität. Normalerweise finden Sie Drechselbänke für alle Level: Einsteiger, Fortgeschrittene und Profis. Für den Einstieg muss es noch keine Masterklasse-Maschine sein. In jedem Fall aber sollten Sie besonderen Wert auf eine Standfestigkeit der Bank legen. Bänke mit einem schweren gusseisernen Maschinenbett oder einem dickwandigen Aluminiumprofil sind zum Beispiel eine gute Wahl. Auf diese Art vermeiden Sie stärkere Vibrationen und Wackeln während der Arbeit. Das ist gerade am Anfang, wenn Sie vielleicht selbst noch ein wenig unsicher sind, umso wichtiger. Es sorgt nicht nur für bessere Sicherheit, sondern auch für einwandfreie Ergebnisse.

Weitere Kriterien für eine gute Maschine sind auch ein leistungsstarker Motor und ein guter und einfach zu bedienender Geschwindigkeitsregler. Je schneller und einfacher Sie die Geschwindigkeit regeln können, desto leichter und flüssiger geht das Arbeiten vonstatten. Ein guter Motor sorgt schließlich dafür, dass Ihre Maschine auch unter Dauerbetrieb lange durchhält, Sie möchten sich schließlich auch mehrere Jahre an dem Gerät erfreuen. Ein schlechter Motor kann schon nach stundenlangem Betrieb innerhalb eines Tages heiß oder besonders laut werden – für ein angenehmes Arbeitsklima möchten Sie sicher auch dies vermeiden.

Auch die Art und Größe Ihrer Werke kann entscheidend sein für die Art der Drechselbank, die Sie kaufen. Haben Sie zum Beispiel nur vor, kleine Gegenstände wie Schalen anzufertigen? Dann könnte eine sogenannte *Mikrodrechselbank* für Sie bereits vollkommen ausreichend sein. Diese Art von Drechselbank ist besonders kompakt und aufgrund ihrer geringen Größe und ihres verhältnismäßig niedrigen Gewichts auch relativ mobil. Sie brauchen also keine große Werkstatt zuhause und können die Bank bei Bedarf sogar woanders hin mitnehmen. Haben Sie jedoch vor, auch größere Gegenstände anzufertigen, empfiehlt es sich, eine größere Maschine zu besorgen. Wenn Sie vorrangig große Werke herstellen möchten, achten Sie beim Kauf auf größere *Spitzenwerte* und einen höheren *Drehdurchmesser.*

Eine Drechselbank kann übrigens auch mit verschiedenen und speziell geformten Handauflagen daherkommen. Dies ist allerdings eher etwas für diejenigen, die etwas professioneller an das Drechseln herangehen möchten. Für den Einstieg ist eine schlichte *normale* Handauflage absolut ausreichend. Sie brauchen sich darum keine weiteren Gedanken zu machen. Häufig lassen sich solche Einzelteile auch später noch austauschen. Wenn Sie also doch irgendwann speziellere Bedürfnisse entwickeln, dann können Sie immer noch im Nachhinein Veränderungen vornehmen.

DIE DRECHSELBANK UND IHR ZUBEHÖR

Letztlich sollten Sie bei der Anschaffung der Drechselbank auch auf das entsprechende Zubehör achten. Dazu gehören eine gute *Planscheibe* bzw. ein generelles sogenanntes *Spannfutter* sowie ein *Einschlagfutter.* Hierbei handelt es sich um Spannmittel an der Maschine, also Vorrichtungen, die dem festen Fixieren des Werkstücks oder in manchen Fällen auch des Werkzeugs dienen. Das Spannfutter für die Drehbank wird mitunter auch *Drehfutter* genannt.

Die Planscheibe sorgt dabei dafür, dass ein Werkstück auf einer Seite außerhalb der Maschine am Boden verschraubt werden kann (und auf der anderen Seite an der Maschine). Dies ist besonders beim Querholzdrehen sowie beim Bearbeiten von besonders großen und schweren oder unregelmäßig und ungewöhnlich geformten Werkstücken hilfreich. Außerdem enthält sie meist separat verstellbare *Spannbacken.* Dies ermöglicht auch das Aufnehmen eines Werkstücks mit asymmetrischer Spannfläche.

Neben der Planscheibe gibt es auch eine sogenannte *Aufspannscheibe,* die nur aus einer Scheibe ohne Backen besteht. Diese benötigen Sie jedoch eher selten.

Verschiedene Arten von Spannfutter eignen sich außerdem für verschieden geformte Werkstücke – ob Sie nun bevorzugt rundliche oder eckige Materialstücke verwenden, kann daher einen Unterschied machen. Sogenannte *Dreibackenfutter* oder *Vierbackenfutter* sind die meist verwendeten Spannfutter an der Drehmaschine. Sie nehmen die Materialrohlinge entsprechend ihrer Namen in drei bzw. vier Spannbacken auf. Dreibackenfutter eignen sich besonders für runde, dreikantige oder sechskantige Werkstücke. Vierbackenfutter dagegen werden meistens für vier- oder achtkantige Werkstücke gebraucht. Daneben gibt es auch Alternativen mit nur zwei Backen oder in einzelnen Fällen auch mit mehr als vier Spannbacken. Auch diese brauchen Sie für den Beginn an der Drehbank eher nicht unbedingt.

Sogenannte *Einschlagfutter* sind übrigens eine gute und günstige Alternative zu ordentlichen Spannfuttern, die für den Einstieg ins Drechseln meistens vollkommen ausreichend sind.

Zu einer gut ausgestatteten Drehbank gehören außerdem sogenannte *Mitnehmer* und *Körnerspitzen.*

Als Mitnehmer werden grundsätzlich alle Maschinenteile bezeichnet, die, sobald sie in Bewegung gesetzt werden, andere Maschinenteile ebenfalls in Bewegung versetzen – also die anderen Teile *mitnehmen*. Ein Körner ist eine Art *Schlagstempel*, der in einer Maschine zum sogenannten *Körnen* gebraucht wird. Als Körnen wird der Vorgang bezeichnet, bei dem mithilfe einer kleinen, harten Spitze Vertiefungen in das Werkstück gedrückt werden. Ebendiese Spitze ist der Körner. Beides sind Bestandteile einer gut ausgestatteten Drechselbank. Achten Sie beim Kauf darauf, dass sie ordentliche Mitnehmer und Körner bekommen. Für verschiedene Arbeiten gibt es auch verschiedene Bestandteile. Sie können diese aber im Laufe der Zeit beliebig austauschen und abwechselnd einsetzen. Für den Anfang brauchen Sie noch keine Reihe von vielfältigen Körnern und Mitnehmern.

Alles in allem gilt: Überlegen Sie sich grundsätzlich, womit Sie Ihr Drechslerhandwerk beginnen möchten. Welche Art von Arbeiten möchten Sie anfertigen? Und schauen Sie dann, welche Drechselbank sich mit welcher Ausstattung für Ihr Vorhaben am besten eignet. Haben Sie auch im Hinterkopf, dass Sie sich gerade am Anfang noch nicht verrückt zu machen brauchen. Eine einfache Bank mit simpler Grundausstattung ist völlig ausreichend. Fangen Sie ruhig klein an, größer werden können Sie immer noch! Am wichtigsten ist, dass Sie für ein sicheres und angenehmes Arbeitsklima sorgen, denn dann gelingt das Handwerk und bereitet außerdem noch Freude.

UNTERSTÜTZENDE WERKZEUGE

Das wichtigste kennen Sie nun bereits – die Drechselbank. Nun benötigen Sie für den Start noch ein oder zwei unterstützende Werkzeuge und schon sind Sie bestens ausgestattet für die ersten Drechselarbeiten. Im Folgenden bekommen Sie eine Übersicht über die wichtigsten zusätzlichen Werkzeuge. Die Werkzeuge werden meistens umfassend auch als Dreheisen bezeichnet.

Flachmeißel

Der Meißel ist ein Werkzeug, welches zum Trennen oder Bearbeiten der unterschiedlichsten Materialien verwendet wird. Den häufigsten Gebrauch findet er vermutlich bei Stein, Metall und Knochen (auch *Bein* genannt). Der Meißel selbst besteht meistens aus Stahl. Charakteristisch für dieses Werkzeug ist eine gehärtete keilartige Schneide sowie eine ungehärtete Schlagfläche. Der spezielle Flachmeißel ist vermutlich eines der Werkzeuge, die am häufigsten und intensivsten beim Drechseln gebraucht werden. Er besitzt ein besonders großes flaches Ende, wodurch sich die Kraftwirkung bei der Verwendung auf einer größeren Fläche verteilt.

Beim Drechseln findet er seine Hauptanwendung im Trennen bzw. Teilen von zu bearbeitenden Gegenständen bzw. im Abtrennen einzelner Stücke. Er wird jedoch auch zum Schlichten von Oberflächen verwendet. Dies gelingt in einigen Fällen auch mit einer sogenannten *Röhre* (im Folgenden dazu mehr) – teilweise ist es auch nur damit möglich –, doch wann immer machbar, sollten Sie auf den Flachmeißel zurückgreifen. Damit erzielen Sie in den meisten Fällen eine deutlich glattere Oberfläche und damit ein weitaus besseres Gesamtergebnis. Schließlich können Sie den Flachmeißel auch zum Abstechen und Einstechen benutzen.

Flachmeißel gibt es in großer Form- und Größen-Vielfalt sowie mit einseitig oder mit zweiseitig geschliffener Fläche.

Daneben gibt es auch eine Vielzahl anderer Meißel, die Sie jedoch für den Anfang nicht zwingend benötigen. Zu Beginn reicht ein schlichter mittelgroßer Flachmeißel meistens aus.

Abstechstahl

Der Abstechstahl ist ebenfalls ein besonders praktisches Werkzeug beim Drechseln. Er dient, wie sein Name schon verrät, dem Abstechen von Arbeitsstücken. Besonders gut lässt er sich bei Holzarbeiten verwenden. In vielen Fällen erreichen Sie jedoch auch ein gutes Abstechergebnis, wenn Sie mit dem Meißel arbeiten – in einigen Fällen sogar ein weitaus besseres. Auch im Vergleich zum Abstechstahl bearbeitet ein guter Meißel die Oberfläche in der Regel wesentlich effektiver. In wenigen Fällen benötigen Sie jedoch einen Abstechstahl, da ein Meißel sich nicht für alle Arbeiten eignet. Wenn Sie also längerfristig und kompliziertere Werke drechseln möchten, kann es ratsam sein, sich einen solchen Abstechstahl anzuschaffen. Einen Abstechstahl können Sie meistens mit langem Griff oder ohne bekommen. Ein Abstechstahl ohne Griff hat häufig eine besonders lange Kante und ein scharfes Profil, sodass er sich besonders gut für tiefes Einschneiden eignet.

Röhren

Weiterhin werden auch verschiedene Arten von Röhren gerne beim Drechseln verwendet. Eine der wichtigsten ist die sogenannte *Schruppröhre.*

Die Schruppröhre kann man sehr gut für einfache Einstiegsarbeiten an der Drechselbank verwenden. Sie bringt die zu bearbeitenden Werkstücke sehr leicht in eine zylindrische Form. Meistens werden dabei heute breite Klingen verwendet, deren Profil ein wenig an die Form einer Muschel erinnert. Besonders gut eignen sich die Schruppröhren für relativ weiches bis mittelhartes Holz. Die vorrangige Verwendung finden Sie in Langholzdreharbeiten.

Daneben findet sich in der Drechslerwerkstatt häufig auch die sogenannte *Formröhre*. Mitunter kennt man dieser Röhre auch als Variante der *Spindel-* oder *Detailröhre*. Diese Röhren sind dafür geeignet, allerlei geschweifte Formen anzufertigen. Teilweise lassen sich damit auch Oberflächen schlichten, besser geht dies jedoch bis auf wenige Fälle mit einem Meißel (wie oben beschrieben). Auch Formröhren kann man in zahlreichen Größen und mit verschiedenen Blattstärken bekommen. Je nach Einsatzgebiet besitzen die Röhren häufig auch unterschiedliche Winkel. Als Grundsatz können Sie sich merken: Je härter das Holz, desto größer sollte auch die Blattdicke sein. Auf diese Art beugen Sie Schwingungen oder Vibrationen beim Arbeiten vor. Für eher ovale als runde Arbeiten eignen sich übrigens Röhren besser, die ein wenig spitzer geschnitten sind. Generell eignen sich Formröhren, anders als die Schrupppröhren, gleichsam für Langholzdreharbeiten und Querholzdreharbeiten.

Die Spindelformröhre ist im Vergleich zu den anderen Röhren meistens besonders klein sowie wesentlich feiner und eignet sich entsprechend besonders gut für den Einsatz bei feineren und detaillierteren Arbeiten.

Schließlich gehören auch sogenannte *Schalenröhren* zu beliebten Werkzeugen des Drechslers. Ihr Name lässt bereits verraten, dass sie gerade beim Herstellen von Schalen ihren Einsatz finden. Die Schalenröhre wird meistens gebraucht, um Schalen von innen auszudrehen. Mit einem entsprechenden Anschliff benutzen sie einige Drechsler jedoch auch für anderweitige Langholzarbeiten. Schalenröhren finden Sie meistens mit zweierlei Anschliffen: mit dem Standardanschliff oder mit dem sogenannten *Fingernagelanschliff*. Röhren mit Standardanschliff sind optimal auf die Verarbeitung von Außenseiten und Innenseiten der Schalen eingestellt. Mit ihrem Gebrauch können Sie bei einfachen Werken kaum etwas falsch machen.

Gerade für den Einstieg ist diese Röhre eine gute Wahl, da sie besonders leicht zu gebrauchen ist, sie hat jedoch ihre Grenzen im Einsatzbereich. Schalenröhren mit Fingernagelanschliff hingegen haben einen besonders universellen Gebrauch – mit ihnen lassen sich zum Beispiel auch tiefe Böden in Schalen gut erreichen und bearbeiten. Ihre langen Flanken sorgen außerdem dafür, dass man mit ihnen sehr viel Holz auf einmal abtragen kann. Allerdings ist der Einsatz einer Röhre mit Fingernagelanschliff auch wesentlich komplizierter und erfordert ein wenig Übung und Geschick. Für allererste Arbeiten eignet sie sich daher nicht unbedingt, sondern ist eher etwas, mit dem Sie Ihre Ausstattung nach ein wenig Praxistraining erweitern können.

Schlichtstahl, Ausdrehstahl und Plattenstahl

Auch abseits des Abstechstahls sind andere verschiedene Stähle beim Drechseln gut zu gebrauchen. Sie sorgen für Aushebungen und Schliffe. Ein Plattenstahl eignet sich außerdem auch gut zum Schneiden. Der Ausdrehstahl wird häufig beim Aushöhlen tiefer Gegenstände verwendet. Am besten geeignet ist in den meistens Fällen dafür jedoch ein *Haken* (im Folgenden dazu mehr). Schlichtstahl, Ausdrehstahl und Plattenstahl sind gute Erweiterungen Ihres Grundstockes, wenn Sie bereits ein wenig Erfahrung gesammelt haben.

Haken und Ringeisen

Sowohl der Haken als auch das Ringeisen sind Werkzeuge zum Aushöhlen von Werkstücken. Am besten geeignet sind auch diese Werkzeuge für die Holzverarbeitung. Häufig werden sie zum Aushöhlen tiefer Schalen und Becher oder zur Herstellung von Vasen verwendet. Besonders vielseitig einsetzbar ist der Haken. Er kann sowohl bei groben Materialabträgen als auch zur späteren Feinarbeit verwendet werden. Ein Ringeisen hingegen ist eher für die Feinarbeit gefertigt worden. Es nimmt nur feine Späne ab und kann bei dem

Versuch, grobe Arbeiten zu verrichten, schnell abbrechen. Es bedarf eines guten Gefühls für das Werkzeug und relativ viel Vorsicht bei der Arbeit, um das Ringeisen entsprechend einsetzen zu können. Für Anfänger ist dieses Werkzeug daher eher selten geeignet. Mit einem Haken sind Sie am Anfang definitiv ausreichend ausgestattet und sobald Sie etwas Übung haben und feinere Arbeiten erstellen wollen, kann ein Ringeisen Ihre Grundausstattung sinnvoll ergänzen.

Nun kennen Sie die wichtigsten Werkzeuge für den Einstieg in das Handwerk des Drechselns. Überlegen Sie auch hier vor dem Kauf, welche ersten Arbeiten Sie anfertigen möchten und welche Werkzeuge dafür nützlich sein werden. Abschließend hier noch ein paar Tipps für den erfolgreichen Einstieg.

TIPPS FÜR DEN EINSTIEG

Die wichtigsten Tipps für EinsteigerInnen (und zur Auffrischung für Fortgeschrittene).

Qualität vor Quantität

Gerade beim Kauf der ersten Werkzeuge empfiehlt es sich, auf gute Qualität zu achten. Das bedeutet nun nicht, dass sie die allerteuersten Modelle kaufen müssen. Achten Sie jedoch auch bei preiswerten Ausgaben auf eine vernünftige Qualität. Werkzeuge aus hochwertigem HSS-Stahl sind für den Einstieg ideal. Es handelt sich dabei um besonders verlässliche Werkzeuge, die Ihnen das gleichmäßige Arbeiten sehr erleichtern können. Natürlich gibt es auch besondere Spezialstähle, aus denen die Werkzeuge hergestellt sein können. Diese sind meist speziell für die Herstellung bestimmter Werkstücke angefertigt worden. Als EinsteigerIn werden Sie jedoch kaum merklich davon profitieren. Schauen Sie außerdem, ob es in Ihrer Gegend einen speziellen

Drechselhandwerksbedarf gibt, dort finden Sie wahrscheinlich die beste Auswahl. Ansonsten sollten Sie die meisten Werkzeuge auch im nächsten Baumarkt finden. Falls nicht, keine Sorge – es gibt heute auch eine Reihe guter Online-Shops, die gerade auf das Handwerk des Drechselns spezialisiert sind.

Außerdem brauchen Sie für den Anfang, wie bereits mehrfach erwähnt, auch noch nicht alle möglichen diversen Werkzeuge beschaffen. Es empfiehlt sich eher, sich vorher zu überlegen, welche Arbeiten Sie anfertigen möchten und entsprechend nur die zunächst notwendigen Werkzeuge zu kaufen. Eine Vielzahl komplizierter Werkzeuge kann am Anfang eher gegen Ihre Motivation wirken und eine einfache Grundausstattung ist vollkommen ausreichend. Nach und nach können Sie dann für neuere Vorhaben auch weitere Werkzeuge anschaffen. Denken Sie daran: Qualität vor Quantität. Lieber ein paar wenige, aber gute Werkzeuge, als eine Vielzahl von komplizierten, unnötigen und im schlimmsten Fall noch enttäuschenden Werkzeugen.

Achten Sie auf einen guten Schliff

Insgesamt ist es wichtig, bei Ihren Werkzeugen stets auf einen guten und sorgfältigen Schliff zu achten, andernfalls können Sie keine sauberen Ergebnisse erzielen. Gute Werkzeuge aus dem Fachhandel kommen in der Regel bereits mit dem richtigen Schliff zu Ihnen und müssen daher vor Beginn nicht angeschliffen werden. Nach einer Weile nutzen sich allerdings alle Werkzeuge ab, daher müssen Sie regelmäßig nachgeschliffen werden. Gerade bei Arbeiten, die viel Präzision erfordern oder besonders fein werden sollen, sind scharf geschliffene Klingen unabdingbar. Für ein einwandfreies Arbeiten sorgen Sie dafür, dass Ihre Werkzeuge in regelmäßigen Abständen nachgeschliffen werden – dies können Sie entweder selbst erledigen oder beim Profi machen lassen. Möchten Sie Ihre Werkzeuge selbst schleifen, brauchen

Sie jedoch eine ordentliche Schleifmaschine und leider auch am Anfang viel Geduld und Übung. Es empfiehlt sich daher, zu Beginn die Werkzeuge lieber doch zum Profi zu bringen. Sie können schließlich auch eine Reihe von Arbeiten verrichten, bevor das Schleifen notwendig wird. Möchten Sie dennoch kein oder nicht so viel Geld ausgeben, erkundigen Sie sich, ob es in Ihrer Nähe einen Kurs, einen Verein oder eine Hobbygruppe gibt. Vielleicht haben Sie auch einfach einen Hobbyhandwerker/eine Hobbyhandwerkerin in Ihrem Bekanntenkreis. Dort können Sie womöglich Ihre Werkzeuge ebenfalls hinbringen oder sich Tipps zum Selbstschleifen abholen.

Anfängerkurs können helfen

Generell kann es am Anfang hilfreich sein, sich einmal nach Gleichgesinnten umzusehen, insbesondere dann, wenn sie beim Handwerken allgemein gerade erst den Einstieg finden. Falls Sie im Freundes- oder Bekanntenkreis jemanden kennen, der Ihnen ein paar Tipps und Tricks zeigen kann, sehr gut. Oder schauen Sie sich nach einem Kurs oder einer privaten Hobbygruppe um. Wenn Sie noch nie zuvor handwerklich tätig waren, kann es Ihnen viel Sicherheit geben, sich von ein paar erfahreneren Leuten ein bisschen Hilfestellung geben zu lassen. Außerdem bereitet gemeinsames Arbeiten und Lernen vielen Menschen besonders viel Freude.

Auch Holz braucht Qualität

Nutzen Sie Holz als Material – was wohl die meisten tun werden –, achten Sie gerade am Anfang auch auf gutes Holz. Denn nicht nur qualitativ hohe Werkzeuge machen bei Holzarbeiten einen entscheidenden Unterschied, auch die verschiedenen Holzarten tun dies. Bestimmte Holzarten lassen sich leichter, andere schwieriger verarbeiten. Dazu finden Sie im späteren Verlauf noch mehr Informationen. Doch abgesehen von der Holzart ist auch eine entsprechende Qualität wichtig. Besonders einfach zu drechseln sind mittelharte Hölzer – nicht zu weich und nicht zu hart. Dazu gehören zum Beispiel Eiche und Esche. Das Holz sollte auch ausreichend trocken und sauber sein. Alles, was Sie sonst noch zum Thema Holz wissen müssen, finden Sie in einem der späteren Kapitel.

Ausreichende Schutzmaßnahmen sind das A und O

Neben der Anschaffung von allerlei Werkzeugen, gutem Material und einer leistungsstarken Drechselbank sollten Sie jedoch eines nicht aus den Augen lassen: die Anschaffung von Gehörschutz, Schutzbrille, passenden Arbeitshandschuhen und ggf. auch einer Maske für Mund und Nase. So können Sie sicherstellen, dass Sie nicht nur ein angenehmes, sondern auch ein sicheres Arbeitsklima haben. Sicherheit ist bei jedem Handwerk wichtig. Auch, wenn Ihnen beim Drechseln eigentlich nicht viel passieren kann, sind ein paar Vorkehrungen dennoch nicht verkehrt. Eine Schutzbrille kann zum Beispiel sehr effektiv verhindern, dass Ihnen Späne in die Augen fliegen. Eine Maske für Nase und Mund sorgt dafür, dass Sie nicht zu viel Staub einatmen usw. Achten Sie also auf Ihre Gesundheit, dann haben Sie auch langfristig mehr Freude am Arbeiten.

Das wichtigste zum Schluss – Motivation

So simpel wie wichtig ist unser letzter Tipp in diesem Kapitel: ausreichende Motivation. Das Drechseln ist kein Hexenwerk, dennoch kann es am Anfang ein wenig Übung benötigen, bis Sie den richtigen Dreh (im wahrsten Sinne des Wortes) heraushaben. Lassen Sie sich jedoch nicht entmutigen, wenn nicht alles auf Anhieb gelingt. Wenn einmal ein Schliff daneben geht, ist das nicht das Ende der Welt. Sie werden sehen, dass Sie mit ein wenig Praxiserfahrung schnell besser werden. Manchmal dauert es auch ein wenig, bis man sich an die neuen Werkzeuge gewöhnt hat. Erinnern Sie sich stets daran, dass noch kein

Meister vom Himmel gefallen ist und das Handwerken in erste Linie ein spaßiges Hobby sein soll. Wenn Sie mit ausreichend Freude und Elan an die Sache herangehen, werden Sie schnell besser. Also nicht aufgeben – die schönen Ergebnisse werden Sie belohnen.

Technologien des Drechselns

Wie bei jedem anderen Handwerk gibt es auch beim Drechseln verschiedene Methoden, das Material zu verarbeiten. Im Folgenden soll Ihnen daher veranschaulicht werden, welche Technologien man bei diesem Handwerk unterscheidet und für welche Art von Werk diese sich jeweils eignen. Die beiden wichtigsten Techniken, das Langholzdrehen und das Querholzdrehen, haben oben schon kurz Erwähnung gefunden. Sie sind die grundlegenden Techniken und vermutlich die beiden, mit denen Sie einsteigen werden. Verschaffen Sie sich jedoch ruhig zunächst einen Gesamtüberblick über die Möglichkeiten und finden Sie heraus, welche anderen Methoden sich für Sie interessant anhören. Vielleicht haben Sie ja schon ein wenig Erfahrung und möchten Ihr Wissen nur auffrischen oder ausweiten. In jedem Fall empfiehlt sich ein genauerer Blick in dieses Kapitel.

LANGHOLZDREHEN

Langholzdrehen wurde oben bereits angesprochen. Es ist eine der zwei meist verbreiteten Technologien beim Drechseln. Es ist außerdem die einfachste aller Varianten und damit gerade für EinsteigerInnen besonders geeignet. Beim Langholzdrehen wird das Material entweder zwischen den Spitzen an Spindelstock und Reitstock der Drechselbank eingespannt oder einseitig am Spindelstock befestigt, meistens jedoch zwischen den beiden Spitzen. Diese beiden Spitzen nennt man *Mitnehmer* am Spindelstock und *Körnerspitze* am Reitstock. Durch diese Anbringung lässt sich das Werkstück längs zur Faserrichtung drehen. Das Dreheisen wird auf die Handauflage aufgelegt und mit der Hand dergestalt geführt, dass ein gezielter Schneidevorgang entsteht. Das Langholzdrehen ist nicht nur die einfachste Variante, sondern auch besonders vielseitig einsetzbar. Es eignet sich für nahezu alle Einstiegarbeiten und auch für kompliziertere Werke, wenn Sie etwas mehr Übung haben. Besonders gut einsetzbar ist beim Langholzdrehen der Flachmeißel oder eine Formröhre. Mit dieser Anwendungsmethode können Sie zum Beispiel Büchsen, Säulen, aber auch Möbelfüße, Knöpfe, Schreibgeräte und vieles mehr herstellen.

Beim Langholzdrehen gibt es übrigens mehrere Varianten, unter anderem das sogenannte *Hohldrehen,* das *Drehen über Kopf* und das *Gewindestrehlen.*

Das Hohldrehen bezeichnet, wie der Name schon verlauten lässt, das Aushöhlen eines Körpers, etwa einer tiefen Schale, einer Vase, eines Bechers etc. Dafür wird vorrangig ein Haken benutzt. Beim Drehen bzw. Drechseln über Kopf wird das Stück Holz nur einseitig eingespannt, damit die Röhren vom anderen Ende, dem *Kopf* des Werkstücks, kommen und man es von dort aus bearbeiten kann. Im Idealfall fangen Sie dabei in einem 90-Grad-Winkel zur Messerauflage an. So können Sie ein Ende des Werkstücks auch mit einer Röhre aushöhlen. Und beim Gewindestrehlen schließlich wird ein besonderes Profilwerkzeug verwendet, um eine bestimmte Gewindeform zu erhalten. Doch zu dieser speziellen Form finden Sie im Folgenden noch

Genaueres.

Alle drei Variationen des Langholzdrehens sind jedoch ein klein wenig komplizierter und/oder erfordern mehr Geschick als die Standardvariante. Das einfache Langholzdrehen in seiner Standardmethode eignet sich daher für EinsteigerInnen nach wie vor am allerbesten. Sie haben dabei keine komplizierten Anwendungshinweise und können dennoch diverse Gegenstände herstellen. Probieren Sie dies ruhig zu Anfang mehrfach aus, bevor Sie sich an schwierigere Methoden heranwagen. Sie werden sehen, auch die einfachste Variante des Drechselns kann einen vielseitigen Einsatz haben.

QUERHOLZDREHEN

Die zweite sehr vielseitig einsetzbare und verhältnismäßig noch recht unkomplizierte Variante des Drechselns ist das sogenannte Querholzdrehen. Bei dieser Arbeitsmethode wird das Werkstück nur am Spindelstock befestigt und auf diese Weise quer zu seiner Maserung gedreht. Die Maserung steht dadurch sozusagen in einem 90-Grad-Winkel zur Achse der Drehbank. Befestigt wird das Werkstück entweder durch den Mitnehmer selbst oder durch Spannfutter bzw. sogenannte *Anschlagschrauben*. Diese können Sie normalerweise in jedem Baumarkt finden. Da auf die zusätzliche Befestigung durch die Körnerspitze verzichtet wird, muss das Holzstück besonders gut auf der anderen Seite halten. Der Vorteil ist jedoch, dass es sich umso leichter von allen Seiten mit einem Werkzeug bearbeiten lässt.

Genau wie beim Langholzdrehen wird das Dreheisen auf der Handauflage aufgelegt und die freie Hand wird geführt, um einen gezielten Schneidevorgang zu erhalten. Jedoch erfordert diese Bearbeitung beim Querholzdrehen mehr Kraft und Konzentration. Eine ruhige Hand und langsames gleichmäßiges Arbeiten sind daher wichtig, um saubere Ergebnisse zu erzielen. Achten Sie auch darauf, dass Sie das Werkzeug sicher und stabil in der Hand halten. Langsames und fokussiertes Arbeiten verhindert auch, dass Ihnen das Werkzeug durch die schnelle Rotation der Drehbank aus der Hand geschlagen wird. Und schließlich sollten Sie insbesondere beim Querholzdrehen daran denken, eine Schutzbrille zu tragen, da Späne durch die offene Befestigung des Werkstücks hier viel leichter ins Gesicht fliegen können.

Besonders beliebte Werkzeuge beim Querholzdrehen sind Schalenröhren, da die Werkstücke oft einseitig ausgehöhlt werden. Diese Röhren eignen sich außerdem neben dem Aushöhlen von Werkstücken auch zum Schlichten von Oberflächen. Der sonst so beliebte Flachmeißel eignet sich beim Querholzdrehen hingegen weniger gut. Er ist eher auf die Arbeit parallel zur Achse geeignet und verursacht anders eingesetzt schnell unschöne Kratzer am Werkstück.

Mit dem Querholzdrehen können Sie besonders gut Schalen, Dosen, Teller oder sogar große Ringe herstellen. Auch Möbelstücke, wie etwa ein Hocker oder ein kleiner Tisch, deren Grundformen rund bzw. Scheiben sind, kann eines Ihrer ersten Querholzprojekte werden.

REIFENDREHEN

Sogenanntes Reifendrehen ist ein weiteres Drehverfahren an der Drechselbank und schon eher etwas für diejenigen, die bereits die eine oder andere Erfahrung an der Drechselmaschine gemacht haben. Für diese Technik ist nämlich ein wenig mehr Geschick erforderlich. Außerdem erfordert sie ein wenig mehr körperliche Kraft und insbesondere eine gute Vorstellungskraft. Für die besonders Kreativen unter Ihnen kann es daher eine spaßige Herausforderung sein.

Auch bei dieser Technik ist das Werkstück nur einseitig am Spindelstock befestigt, dreht sich allerdings dennoch längs zur Faserrichtung (anders als beim Querholzdrehen). Das Werkstück wird dann dergestalt bearbeitet, dass ein Ring entsteht, der im Querschnitt die Form des gewünschten Gegenstandes hat. Besonders gut eignet sich diese Technik daher für kleine Anfertigungen.

Man benutzt beim Reifendrehen eine große Holzscheibe, wie von einem Baumstamm abgeschnitten, allerdings ohne Rinde. Theoretisch können Sie Ihr Holzstück genau auf diese Art besorgen. Diese Holzscheibe wird dann auf der Drechselbank befestigt. Beim Reifendrehen darf das Holz ausnahmsweise sogar noch ein wenig feucht sein. Auf der Drechselbank werden dann zunächst mithilfe verschiedener Drehstähle Rillen und Kerben in die Holzscheibe eingefügt, solange, bis ein Ring mit einem Durchmesser von 30 bis 50 cm entsteht. Doch das Kniffligste dabei: Hier wird bereits der Querschnitt der gewünschten Form erstellt. Am Ende soll die Außenform des Ringes so sein, dass Sie, wenn Sie ihn am Ende wie ein Laib Brot oder einen Kuchenkranz aufschneiden würden, Scheiben in der gewünschten Form erhalten. Sie sehen also, es erfordert ein sehr gutes Vorstellungsvermögen, den Ring auf diese Art zu bearbeiten.

Tatsächlich wird der Ring am Ende jedoch nicht aufgeschnitten oder gar aufgesägt, sondern mit Messer und Hammer in kleine Formscheiben bzw. Figuren aufgespaltet. Auf diese Art erhalten Sie am Ende eine Vielzahl kleiner Gegenstände mit nur einem Drechselvorgang. Wenn Sie diese Gegenstände weiterbearbeiten möchten, können Sie sie in einen Topf mit Wasser legen, kurz aufkochen und das Wasser nach kurzer Zeit schon wieder abgießen. Dann ist das Holz wieder feucht und lässt sich noch leichter mit dem Schnitzmesser bearbeiten.

Natürlich müssen Sie es danach wieder gut trocknen lassen. Anschließend können Sie die Gegenstände normal weiterbearbeiten, etwa lackieren oder bemalen.

Die Technik des Reifendrehens ist über 200 Jahre alt und wurde in der Nähe der Erzgebirgsregion Seiffen etwa um das Jahr 1800 erfunden. Dort wird sie auch heute noch genutzt, um die beliebten Holzfiguren aus dem Erzgebirge herzustellen. Die durch das Reifendrehen erhaltenen Figuren werden auch hier meist durch Schnitzen noch ein wenig nachbearbeitet. Auf diese Art und Weise wurde es im 19. Jahrhundert erstmals möglich, mit einem einzigen Drechselvorgang gleichzeitig eine Vielzahl von Holzfiguren herzustellen. Es handelt sich also um eine vorindustrielle Methode der Massenproduktion. Die Reifendrehfiguren sind heute noch wichtiger Teil der Erzgebirgskultur und werden unter anderem als Figuren in Weihnachtspyramiden und Krippen sowie als kleine Spielzeuge und Dekorationsfiguren verwendet.

Im Erzgebirgischen Spielzeugmuseum in Seiffen gibt es sogar einen ganzen Abschnitt, der dieser Holzkunst gewidmet ist.

Falls Sie nun Interesse haben und es selbst ausprobieren möchten: nur zu. Es ist zwar ein wenig Geschick und Erfahrung vonnöten, aber wenn Sie schon ein bisschen Übung haben, sollten Sie es unbedingt einmal ausprobieren. Nehmen Sie den Ring ruhig zwischendurch von der Drechselbank ab, wenn Sie unsicher mit der Form werden. Manchmal hilft es, den Ring wieder waagerecht zu sehen, um sich die Form besser vorstellen zu können. Auf diese Art können Sie zum Beispiel in der Weihnachtszeit Ihre eigenen Krippenfiguren herstellen oder was immer Ihnen sonst beliebt.

DREHEN GEWUNDENER SÄULEN

Eine weitere Arbeitsweise beim Drechseln ist das sogenannte Drehen gewundener Säulen. Tatsächlich handelt es sich dabei eher um eine Art Nebenform des klassischen Drechselns, denn beim Drehen gewundener Säulen wird vorrangig mit Stemmen, Raspeln, Schneiden und Schleifen gearbeitet. Das eigentliche Drehen des Werkstücks ist eher nebensächlich. Traditionell wird diese Arbeitsweise dennoch dem Drechseln zugeordnet. Das Drehen fungiert als Vorarbeit, mit den anderen Handwerksmethoden wird das Werkstück dann vervollständigt. Beim Drehen gewundener Säulen wird zumeist mittels Langholzdrehen vorgedreht. Diese Technik wird vorrangig für Treppensprossen und Bettpfosten, aber auch für Stuhl- und Tischbeine verwendet. Hierfür werden Windungen und Tiefen auf dem vorgedrehten Holz aufgezeichnet und mit der Drechselmaschine und teilweise auch unter Zuhilfenahme einer Handsäge in die vorgesehene Tiefe geschnitten. Eine grobe Form wird dann durch Stechen des Holzes erreicht, bis das Werkstück schließlich seine endgültige Form mit Raspeln und Schleifen erhält.

OVALDREHEN

Auch das sogenannte Ovaldrehen stellt eine Variante des Drechselns dar, diese Variante ist jedoch verhältnismäßig selten. Dennoch ist es ganz interessant, sich zumindest theoretisch einmal damit zu beschäftigen. Vielleicht möchten Sie es ja auch einmal ausprobieren, sobald Sie ein wenig Erfahrung gesammelt haben – verschiedene Methoden auszutesten, macht Spaß und steigert Ihr Können.

Allerdings ist das Ovaldrehen auch eine der schwierigeren Methoden. Sie erfordert besonders viel Geschicklichkeit und ein wenig Erfahrung.

Daher eignet sie sich für den absoluten Einstieg eher nicht. Haben Sie allerdings schon ein bisschen Erfahrung gesammelt, kann es eine interessante Geschicklichkeitsprüfung werden. Aufgrund seines hohen Anspruchs war das Ovaldrehen in früheren Zeiten auch das bestbezahlte Drechselverfahren.

Beim Ovaldrehen wird das Werkstück einseitig an einem sogenannten *Ovalwerk* oder *Ovaldrehwerk* befestigt, welches dann wiederum am Spindelstock der Drechselbank angebracht wird. Das Material wird also nicht direkt an der Maschine angebracht. Dieses Ovaldrehwerk sorgt dafür, dass das Werkstück während der Rotation der Drehbank in eine Art Querpendelbewegung gebracht wird. Wichtig ist, dass Sie das zusätzliche Werkzeug während des Drehvorgangs in genau gleichbleibender Höhe zur Drehachse benutzen. Nur so können Sie ein gleichmäßiges Ovalstück erhalten. Eine ruhige Hand ist also auch hier von Vorteil.

Früher wurden auf diese Weise die verschiedensten Werke hergestellt, darunter lange Zeit auch ovale Rahmen. Besondere Gebrauchs- und Kunstgegenstände wie Pokale und Dosen waren auch dabei, gerade in der Zeit, in der das Drechseln die Höfe der Kurfürsten und Könige erreichte. Hier wurde seltener Holz, sondern häufiger wertvolleres Material wie Elfenbein verwendet, was besonders edel aussah. Die als ebenfalls besonders edel geltende Form des Ovals unterstützte diesen Eindruck bestens. Es wurden aber auch einfache Gegenstände gedreht, die eine ovale Form besonders gut gebrauchen konnten, zum Beispiel diverse Schalen. Der Mechanismus des damaligen Ovaldrehwerks wurde in den folgenden Jahren noch weit verbessert. Heute wird neben Holz häufig auch Kunststoff auf diese Art verarbeitet.

PASSIGDREHEN

Im Allgemeinen ist auch das Passigdrehen ein eher seltenes Verfahren beim Drechseln. Nicht zuletzt deshalb, weil die Drehbank für dieses spezielle Verfahren nicht selten komplett umgebaut werden muss.

Grundsätzlich unterscheidet man zwischen zwei Varianten des Passigdrehens: dem sogenannten *Längspassigdrehen* und dem *Querpassigdrehen.* Auch eine Mischform aus beiden Unterformen ist mit etwas Übung möglich, kommt jedoch noch seltener vor.

Das Längspassigdrehen wird noch seltener als das Querpassigdrehen verwendet. Bei dieser Variante wird die Drehbank dergestalt umgebaut, dass die Spindel sich in Längsrichtung hin und her bewegt. Sie wird genauer gesagt derart zwangsgesteuert, dass sie vor und zurück pendelt. Dabei wird das Werkzeug an einem fixen Punkt des Werkstücks angesetzt und schneidet oder schabt nur an dieser einen Stelle.

Beim Querpassigdrehen wiederum wird die Drehbank so umgebaut, dass die Spindel eine Querpendelbewegung ausführt. Auch hier wird das Werkzeug an einem Fixpunkt angesetzt und nicht bewegt. In der Regel verwendet man bei beiden Versionen des Passigdrehens Schablonen und Kurvenscheiben zur Hilfe. Außerdem werden entweder mit dem Werkstück oder mit dem Werkzeug wiederholende Verschiebungen ausgeführt, damit Kurven bzw. Wellenlinien entstehen. Wird die Methode so ausgeführt, dass sich das Werkstück verschiebt, so kann die Verschiebung entweder in der Richtung der Achse der Drehbank erfolgen oder aber senkrecht zur Achse. Erfolgt sie in Richtung der Achse, muss die Verschiebung in diese Richtung mithilfe von Schablonen ermöglicht werden. Erfolgt sie senkrecht zur Achse, wird der Spindelstock so angeordnet, dass er um eine Achse schwingt oder parallel dazu verläuft. Auch hier wird mit Schablonen gearbeitet. Die Schablonen sitzen auf der Spindel, also da, wo das Werkstück auch angebracht wird.

Führt hingegen das Werkzeug die Verschiebung aus, so bewegt es sich während der Umdrehungen des Werkstücks hin und her. Hier werden rotierende Schablonen benutzt. Dadurch gelingt es dem Werkzeug, die Bewegung gleichmäßig auszuführen.

Das Verfahren des Passigdrehens eignet sich besonders für ovale Formen oder andere, die keine kreisrunden sind. Bevorzugte Materialien sind hier besonders feste, harte und homogene Stoffe. Teilweise gebraucht man diese Methode heute noch zum Anfertigen von Dosen oder Tischbeinen.

Wenn Sie auch diese Variante einmal selbst ausprobieren möchten, empfiehlt es sich auch hier, zunächst ein wenig mehr Erfahrung mit einfacheren Varianten zu sammeln und sich ein bisschen auszuprobieren.

GEWINDESTREHLEN

Das Verfahren des Gewindestrehlens (oder auch *Gewindestrählen*) wurde als eine Variante des Langholzdrehens oben schon erwähnt. Heutzutage wird dieses Verfahren im professionellen Bereich allerdings kaum noch angewendet. Dennoch finden sich immer noch Hobbyhandwerker, die sich diese alte Technik zu Nutze machen.

Beim Gewindestrehlen wird mit sogenannten *Schraubstählen* gearbeitet. Diese werden je nach Verwendung auch *Innensträhler* bzw. *Außensträhler* genannt. Mithilfe dieser Werkzeuge können am Werkstück Gewinde hergestellt werden (innen wie außen). Auch hier sollte man ruhig und langsam arbeiten, denn eine langsame Rotation sorgt für ein besseres und gleichmäßigeres Ergebnis am Gewinde. Das Schneidewerkzeug wird hierbei am Ansatz des gewünschten Gewindes angesetzt und unter Druckausübung nach vorne bewegt. Mit jeder Umdrehung kann so ein Gewindegang geschnitten werden. Dieser Vorgang wird dann so häufig wiederholt, bis der Gewindegang die gewünschte Tiefe erreicht hat. Auch diese Technik erfordert etwas mehr Geschick und Erfahrung, es empfiehlt sich also auch hier, sich zunächst mit den einfacheren Methoden heranzutasten.

Gewindestrehlen funktioniert allerdings auch mit sogenannten *Handstrehlern*. Diese kann man paarweise kaufen und auch hier lässt sich zwischen Innen- und Außengewindestrehlern unterscheiden. Sie erkennen den Innengewindestrehler daran, dass er Zähne an der Werkzeugseite hat und den Außengewindestrehler daran, dass er Zähne am Werkzeugende hat. Gerade beim manuellen Gewindestrehlen ist eine niedrige Drehgeschwindigkeit unverzichtbar. Außerdem empfiehlt es sich, einen Stützarm für den Innengewindesträhler zu benutzen – dieser ist kein Muss, kann aber gerade bei Ihren ersten Arbeiten mit dieser Technik einiges erleichtern.

Vom Gewindestrehlen ist auch das sogenannte *Gewindedrehen* zu unterscheiden. Die Technik ist sehr ähnlich und von der Anwendungsart beinahe gleich, es werden jedoch unterschiedliche Werkzeuge verwendet. Während beim Gewindestrehlen ein Werkzeug verwendet wird, welches mehrere Schneiden hintereinander besitzt, kommt beim Gewindedrehen eines mit nur einer Schneide zum Einsatz. Die Schneiden des Werkzeuges, das beim Strehlen verwendet wird, haben einen Abstand zueinander, der der gewünschten Steigung entspricht. Auf diese Art können Sie beim Gewindestrehlen in nur einem Durchlauf das Werk fertigstellen. Beide Arten von Werkzeugen haben jedoch wiederum ein Profil, welches der Form des gewünschten Gewindes entspricht. Zwar ist das Gewindestrehlen ein deutlich schnelleres Verfahren als das Gewindedrehen, dafür ist jedoch das Gewindedrehen das deutlich flexiblere Verfahren, da Sie mit nur einem Werkzeug unterschiedliche Steigungen herstellen können. Damit die gewünschte Steigung auch erhalten bleibt, wird die Rotation des Werkstücks beim Gewindedrehen an die Bewegung der Spindel gekoppelt.

Besonders gut eignen sich für das Gewindestrehlen wie auch für das Gewindedrehen Hölzer mit hoher Dichte. Achten Sie außerdem darauf, Holz zu verwenden, das möglichst gleichmäßig gewachsen ist. Empfehlenswerte Materialien sind zum Beispiel Apfel-, Birnen- und Pflaumenbaum sowie Buchsbaum oder auch Weißbuche. Aber auch Horn und Bein können Sie auf diese Weise verarbeiten, wenn Sie sich, abgesehen von Holz, einmal mit anderen Materialien ausprobieren möchten.

Durch diese Technik können Sie kniffligere Gegenstände, wie zum Beispiel Pfeifen, herstellen oder auch Gefäßverschraubungen. Sogenannte Atelierdrechsler nutzen heute auch noch handgefertigte Gewinde in Gewürzmühlen oder sogar bei Bestattungsurnen. Sie sehen also, auch die gefertigten Werke sind eher solche, die von etwas Übung zeugen. Dafür bringt es aber eine umso größere Freude, wenn Sie sich nach ein wenig Praxisübung einmal an ein etwas trickreicheres Modell wagen und sogar elegante und gewundene Gebrauchsgegenstände herstellen können – auch ideale Geschenke für Ihre Liebsten.

AUF DEN PUNKT GEBRACHT

Kurz zusammengefasst: Sie kennen nun die wichtigsten Methoden des Drechselns und ihre jeweiligen Schwierigkeitsgrade. Sie sehen außerdem, dass sich einige Methoden gerade für die Verarbeitung bestimmter Materialien oder für die Herstellung bestimmter Werke eignen. Und mit jeder Technik gibt es bevorzugt verwendete Werkzeuge. Sich also einen Gesamtüberblick über die gewünschte Technik zu verschaffen, ist in jedem Fall hilfreich. Je besser Sie vorbereitet sind, desto leichter fällt Ihnen die Arbeit.

Gerade für den Anfang sollten Sie sich mit dem Langholzdrehen beschäftigen. Es ist die einfachste Variante und kann dennoch sehr vielseitig eingesetzt werden. Nach und nach können Sie sich dann an andere Methoden herantasten. Mit Sicherheit haben Sie schon bald Ihre Lieblingsmethode herausgefunden.

Extra-Tipp: Ruhiges Arbeiten ist stets wichtig. Nehmen Sie sich deshalb ausreichend Zeit und Geduld, gerade, wenn Sie die ersten Werke drechseln. Unter Stress gehen Sie nicht nur leichter Sicherheitsrisiken ein, sondern haben auch weniger Freude – und Freude am Handwerk ist schließlich das A und O.

Vom Hölzchen aufs Stöckchen

Holz ist eines der ältesten Arbeitsmaterialien der Menschheitsgeschichte. Da es in unserem natürlichen Umfeld seit jeher vorkam und relativ einfach zu erhalten war und ist, nutzen die Menschen seit Zeiten der Neandertaler Holz, um alle möglichen Gebrauchsgegenstände herzustellen. Und bestimmt haben Sie auch heute schon oft in der Küche von Freunden oder Kollegen wunderschöne Holzartikel gesehen. Und wer kennt sie nicht, die beliebten Olivenholzstände auf den Weihnachtsmärkten? Das liegt daran, dass Holz auch heute noch aus traditionellen Gründen oder wegen seiner naturnahen Gestalt besonders beliebt ist. Ob Möbel, Küchenausstattungen, Dekorationsartikel, Pfeifen oder Spielzeuge – Holz kann beinahe für alle Gegenstände als Materialgrundlage dienen. Gerade bei Spielsachen wird es immer beliebter, da diese Artikel meist besonders natürlich und schadstofffrei sein sollen.

In diesem Kapitel lernen Sie daher kurz und bündig alles Wissenswerte über das Arbeitsmaterial Holz beim Drechseln. Natürlich kann man vielerlei Werke auch mit anderen Materialien herstellen – das haben wir in den vorangegangenen Kapiteln bereits mehrfach beschrieben. Holz ist und bleibt jedoch das wahrscheinlich meist gebrauchte

Material. Nicht nur, weil es sich besonders gut verarbeiten lässt, sondern auch, weil es vielseitig einsetzbar ist. Es hat heute außerdem noch zwei weitere Vorteile: Es ist günstiger als edle Metalle und Steine und es handelt sich bei Holz um einen nachwachsenden Rohstoff – es ist also besonders umweltfreundlich. Obwohl sich nahezu alle Holzarten zum Drechseln eignen, gibt es einige Unterschiede zu beachten. Nicht jedes Holz eignet sich für jede Arbeit und manche Holzarten sind wesentlich einfacher zu bearbeiten als andere. Womit fangen Sie als EinsteigerIn also am besten an? Und lohnt es sich, exotisches, *edles* Holz zu besorgen? Verschaffen Sie sich einen Überblick und entscheiden Sie selbst!

HOLZARTEN FÜR EINSTEIGERINNEN

Gerade als EinsteigerIn lohnt es sich, auf gutes und leicht zu bearbeitendes Holz zu achten. Denn je besser sich das Holz für Ihr Werk eignet, desto leichter und spaßiger ist die Bearbeitung.

Für den Anfang eignen sich Kiefer, Esche, Edelkastanie, Lärche und Walnuss besonders gut – klarer Sieger sind also die einheimischen Hölzer. Sie sind nicht nur besonders einfach zu verarbeiten, sie haben im Vergleich zu ihren exotischen Kollegen auch einen weiteren enormen Vorteil: Sie sind wesentlich preisgünstiger. Und da sie nicht importiert werden müssen, sind diese Hölzer besonders umweltfreundlich. Gerade Kiefern findet man in Deutschland noch sehr zahlreich und sie sind leicht zu züchten. Die Kiefer ist jedoch auch das Holz, das sich von diesen vieren noch am schwierigsten verarbeiten lässt – wenngleich dennoch wesentlich einfacher als viele andere Holzarten. Sie brauchen also ein klein wenig mehr Geduld, wenn Sie mit Kiefer beginnen möchten. Dafür kann man an diesem Holz besonders schnell merkliche Fortschritte verzeichnen. Und haben Sie erst einmal ein wenig Übung mit Kiefernholz, wird Ihnen das Arbeiten mit Esche, Kastanie, Lärche und Walnuss im Vergleich sehr leichtfallen. Außerdem sind Kiefernholzstücke in geeigneter Form und Größe in Deutschland sehr leicht und besonders günstig zu bekommen. Bonuspunkt: Lackieren Sie das Werkstück am Ende mit Klarlack, erhält es einen schönen honiggoldenen Farbton.

Esche und Edelkastanie sind ein wenig leichter zu bearbeiten. Die Farbe des Eschenholzes ist normalerweise weiß-rötlich bis braun, kann in einzelnen Fällen aber auch einen leichten Gelbton haben. Die Edelkastanie ist etwas dunkler und hat in der Regel einen dunkelgelben bis braunen Farbton. Noch dunkler ist schließlich das Walnussholz, welches einen mattbraunen bis schwarzbraunen Farbton hat. Die Färbung kann jedoch je nach Alter und Standort des Baumes erheblich variieren.

Lärchenholz schließlich hat einen gelbbraunen Farbton und wird auch heute noch im professionellen wie auch im hobbymäßigen Bereich sehr vielseitig genutzt. Gerade Möbel – für drinnen wie für den Garten – sind hoch im Kurs. Das liegt vor allem daran, dass Lärchenholz sehr robust und witterungsbeständig ist. Es ist aber auch eines der Hölzer, die besonders leicht zu verarbeiten sind. Einziger Nachteil: Lärchenholz hat einen besonders hohen Harzanteil. Daher muss es eventuell vor Verwendung mit harzlösenden Mitteln bearbeitet werden.

Auch verschiedene Obstbäume eignen sich übrigens für erste Arbeiten, werden jedoch weitaus seltener verwendet. Obstbaumhölzer wie Birne, Apfel und Pflaume haben eine besonders hohe Dichte, weshalb sie sich besonders gut für Gewindestrehlen oder Passigdrehen eignen. Für einfaches Standardlangholzdrehen können Sie die zuvor genannten Hölzer alle benutzen. Kiefer eignet sich außerdem auch gut für das Ringdrehen.

Sie sehen also, es gibt eine Reihe von einheimischen Hölzern, die sich gut für den Einstieg eignen und trotzdem eine schöne Farbvielfalt bieten. Letztlich können Sie mit jedem der oben genannten Hölzer starten und dies schlicht nach dem Preis oder Ihres liebsten Farbtons entscheiden.

HOLZARTEN FÜR FORTGESCHRITTENE

Haben Sie schließlich ein bisschen Erfahrung mit dem Drechseln erlangt, können Sie sich an andere Holzarten wagen. Rüster (besser bekannt als Ulme), Rotbuche und Eibe sind Klassiker unter den Holzarten für Fortgeschrittene.

Rüster oder Ulme haben in der Regel ein gelb-weißes bis graubraunes Holz. Dieses Holzstück kann teilweise einen etwas unangenehmen Geruch haben, der aber nach Verarbeitung meistens verblasst. Die Rotbuche kann einen weißlichen bis rötlichen Farbton haben. Diesen Rotton kann man durch Verarbeitung, etwa durch Dämpfen, noch intensivieren, wodurch das Holz einen schönen gleichmäßigen Rotton erhalten kann. Eibe schließlich kann einen gelblichen bis orangebraunen oder sogar rotbraunen Farbton, teilweise mit violettem Stich, haben. Dieses Holz hat wenig Glanz, aber dafür eine besonders schöne Farbe.

IMPORTIERTE HÖLZER

Möchten Sie für besonders edle Arbeiten doch auf importiertes Holz zurückgreifen, sollten Sie sich auch hier einen Überblick über die verschiedenen Möglichkeiten verschaffen. Für den Einstieg eignet sich zum Beispiel Olivenholz. Dieses wird meist aus Südeuropa importiert. Olivenholz hat einen gelblich-braunen Farbton und einen besonders schönen Glanz. Wie oben schon erwähnt, finden sich heutzutage häufig auf Weihnachtsmärkten oder Wochenmärkten Stände mit Olivenholzarbeiten aller Art. Womöglich können Sie schon bald Ihre eigenen Werke vorzeigen.

Haben Sie fortgeschrittene Erfahrung gesammelt, können Sie auch auf Ebenholz und Mahagoni zurückgreifen. Beide haben einen kräftigen dunkelbraunen Farbton und ein besonders elegantes und edles Erscheinungsbild, wobei die Farbe des Ebenholzes noch dunkler ist und meistens stark ins Schwarze hineingeht.

AUF DEN PUNKT GEBRACHT

Sie sehen also, es gibt viele verschiedene Holzarten, die sich für den Einstieg und für fortgeschrittenes Arbeiten eignen. Einheimische Hölzer haben dabei auf jeden Fall einen klaren Preisvorteil und sind dadurch, dass sie meist nicht importiert werden, auch umweltfreundlicher. Für besonders edle Arbeiten gibt es aber auch schöne und einfach zu verarbeitende importierte Hölzer. Probieren Sie es doch mit einem einheimischen Holz und schauen Sie, wie Sie damit zurechtkommen.

Extra-Tipp: Achten Sie darauf, dass Ihr Holz ausreichend trocken ist. Das ist in der Regel für ein angenehmes Arbeiten und einwandfreie

Ergebnisse unumgänglich. Ist es nicht ausreichend trocken, kann dies später zu unschönen Rissen führen. Kaufen Sie Holz im Fachhandel oder in einem Online-Shop, brauchen Sie sich darüber normalerweise keine Sorgen zu machen. Im Fachhandel können Sie häufig auch speziell für das Drechseln angefertigte Rohlinge erwerben. Verwenden Sie jedoch frisches Holz, das Sie selbst besorgt oder durch Freunde und Bekannte erhalten haben, achten Sie darauf, dass es wirklich lange genug getrocknet hat. Eine alte Faustformel besagt, dass Holz einen Zentimeter pro Jahr an allen Seiten trocknet. Davon kann es aber starke Abweichungen geben. Hölzer mit hoher Rohdichte brauchen in der Regel deutlich länger zum Trocknen als solche mit geringer Dichte. Eiche, Obstbäume und andere schwere, einheimische Hölzer haben zum Beispiel eine recht hohe Rohdichte. Achten Sie darauf, dass das Holz richtig gelagert wurde, und fragen Sie Ihren Händler, wenn Sie nicht sicher sind. Wenn Sie Ihr Holz selbst trocknen, schneiden bzw. sägen Sie das Holz nach Möglichkeit so oft wie machbar auf. Geschnittene Holzteile trocknen wesentlich schneller als ein ganzer Stamm.

Es gibt wenige Ausnahmen, in denen das Holz noch nass sein darf. Beim sogenannten Nassdrechseln etwa, wobei dies eher ein Verfahren für erfahrener DrechslerInnen ist. Treibholz ist eine weitere Ausnahme, dies kann in der Regel auch feucht verarbeitet werden. Sollte es gerade aus dem Wasser kommen und noch richtig nass sein, können Sie es in der Sonne oder vor dem Ofen trocknen lassen und danach verarbeiten. Das liegt daran, dass im Unterschied zu frischem Holz das Treibholz (oder Schwemmholz) keinen Pflanzensaft mehr enthält. Und dieser ist dafür verantwortlich, dass es sonst zu Rissen kommt.

Weiterführende Materialkunde

Neben dem Arbeitsmaterial Holz gibt es natürlich noch andere Materialien, die Sie auch beim Hobbydrechseln verwenden können. Im Folgenden werden Ihnen ein paar davon ein wenig näher erläutert. Trauen Sie sich und experimentieren Sie mit den verschiedensten Materialien. Sie werden feststellen, es macht Spaß und es ist eine großartige Belohnung, wenn Sie am Ende Ihren selbsthergestellten Gegenstand in der Hand halten.

KNOCHEN/BEIN

Knochen, auch Bein genannt, klingt als Arbeitsmaterial erstmal ungewöhnlich, ist jedoch tatsächlich seit jeher ein häufig verwendetes Material. Es wurde schon vor vielen hunderten Jahren verwendet, um die verschiedensten Gegenstände herzustellen. Im professionellen Bereich wurde Bein früher für viele Alltagsgegenstände genutzt, etwa für Knöpfe und Türknaufe, für Spielfiguren und kleine Gegenstände und natürlich auch für Werkzeuge. Heutzutage wird es abseits des Hobbyhandwerks fast nur noch zum Bau von ausgewählten Musikinstrumenten genutzt. Beim Hobbyhandwerker wird jedoch ab und an wieder auf dieses altbewährte Material zurückgegriffen. Dabei werden besonders Hinterbeinknochen vom Rind benutzt, denn diese sind groß und stabil genug, um daraus tatsächlich erfolgreich einen Gegenstand herzustellen. Vorderbeinknochen eignen sich eher für kleine und filigranere Arbeiten als für größere Gebrauchsgegenstände. Der Knochen wird, bevor man ihn zum Drechseln verwenden kann, dergestalt bearbeitet, dass das Knochenmark entfernt wird. Er wird außerdem durch Abkochen steril gehalten. Kleiner Nebeneffekt der Knochenarbeit: Vollständig bearbeitet sieht das Werk aus Knochen beinahe aus wie Elfenbein. Bein ist natürlich wesentlich härter als Holz, daher muss es auch anders bearbeitet werden: Man schneidet nicht, man schabt den Knochen. Nur so kann man ihn wirklich in eine Form bringen. Das Schaben sorgt außerdem für eine rissfreie und glatte Oberfläche. Nach dem Polieren fühlt es sich sogar schön weich an. Schleifen und Polieren funktioniert beim Knochen als Material verhältnismäßig gut, allerdings kann es dabei zu Feinstaub kommen. Eine entsprechende Maske zu tragen, kann also sehr von Vorteil sein. Zum Bearbeiten eignet sich am besten eine Schärferöhre.

Einen kleinen Nachteil hat dieses Material jedoch noch: Es kann während der Verarbeitung sehr unangenehm riechen. Dieser Geruch hält sich zwar nicht am fertigen Werkstück, dennoch ist es ratsam, sich für die Bearbeitung einen gut belüfteten Raum zu suchen oder besser noch, draußen zu arbeiten, sofern möglich. Auch, wenn der Geruch nicht am Werkstück selbst hängen bleibt, kann er leider in Stoffe in der Wohnung ziehen und mehrere Tage dort bleiben.

GEWEIH

Auch Geweih besteht aus Knochensubstanz und kann daher ähnlich bearbeitet werden wie Knochen.

Geweihe werden in der Regel von Hirschen, Rehböcken, Elchen oder sogar Rentieren erworben. Dabei handelt es sich häufig um sogenannte *Abwurfstangen*, also Geweihe, die von den Tieren im Spätherbst abgeworfen werden. Sie wachsen jährlich nach, daher kann man sich zur Herbstzeit gut danach auf die Suche machen, oder aber man erhält sie als Nebenprodukt von erlegten Tieren. Geweihe bekommt man jedoch in der Regel nur von männlichen Tieren, lediglich bei Rentieren bilden auch die Weibchen Geweihe aus, die aber durch ihre geringe Größe oder Härte kaum zum Drechseln geeignet sind.

Generell ist Geweih im Kern meistens sehr porös, daher eignet sich häufig nicht das ganze Geweih besonders gut zur Verarbeitung, sondern nur ein paar Teile. Die Härte des Geweihs nimmt im Laufe seines Wachstums zu, daher bekommen Sie das beste Material von voll ausgebildeten Abwurfstangen. Häufig haben diese auch eine bräunliche Verfärbung, die durch Blut und Pflanzensaft entstehen kann. Auch längere Liegezeiten können bei den Abwurfstangen für Verfärbungen sorgen. Teilweise entstehen dadurch sogar besonders schöne Marmorierungen.

Aus Geweih werden auch heute noch Ringe oder sogar Messer hergestellt. Gerade bei Messermachern waren die schönen Marmorierungen des Geweihs lange Zeit sehr beliebt. Allerdings werden Geweihe mit der Liegezeit auch zunehmend spröde. Teilweise wird dieses Material daher noch einmal chemisch aufgearbeitet, bevor es tatsächlich auf der Drechselbank landet.

HORN

Auch Horn wird seit Urzeiten vielseitig vom Menschen eingesetzt. Dieses Material kann ebenfalls besonders edel aussehen und fühlt sich angenehm an. Es enthält keine allergenen Stoffe und kann daher besonders gut für Produkte, die mit ständigem Hautkontakt einhergehen, eingesetzt werden. Im Vergleich zu den meisten Holzarten ist Horn härter und auch dichter. Im Vergleich zu Geweih ist es vor allem weniger porös. Nur bei zu viel Austrocknung kann es im Laufe der Zeit ein wenig spröde werden, daher sollte man Horn regelmäßig zum Beispiel mit einem guten Öl aufbereiten und pflegen.

Aus Horn werden auch heute noch zahlreiche Gegenstände hergestellt, wie Kämme und Schmuck oder Besteck. Ringe beispielsweise können sehr gut an der Drechselbank hergestellt werden.

BERNSTEIN – DAS GOLD DER OSTSEE

Bernstein, poetisch auch das Gold der Ostsee genannt, kann ebenfalls zum Drechseln verwendet werden. In Deutschland gibt es heutzutage nur noch einen Meister, der sich dieser speziellen Aufgabe gewidmet hat, und zwar in Ribnitz-Dammgarten nahe der Ostsee, wo es auch ein Bernsteinmuseum gibt.

Bernstein galt schon früher als besonders schönes und edles Material und ist auch heute noch an Eleganz kaum zu übertreffen. Besonders beliebt ist es in Form von Schmuck. Das Drechseln kann mit Bernstein etwas schwieriger werden – häufig sind die Stücke nur sehr klein, daher brauchen Sie eine geeignete Drechselbank und viel Feingefühl. Unbearbeitet ist Bernstein meistens eher stumpf und ein wenig krustig, bekommt aber nach Bearbeitung und nach dem Poliervorgang einen einzigartigen Glanz.

KUNSTSTOFF

Auch Kunststoff wird heutzutage gedrechselt. Dieses Material ist eines des modernen Zeitalters, dafür jedoch auch eher einfach zu drechseln. Blöcke, die speziell zur Verarbeitung auf der Drechselbank gefertigt wurden, finden Sie im Fachhandel oder im Online-Shop. Diese gibt es in den verschiedensten Farben und teilweise sogar mit speziellem Duft. Ob naturimitierend in Holzoptik oder in schrillen Farben und Mustern – für nahezu jeden Geschmack ist etwas dabei.

MARMOR UND ANDERE HARTE MATERIALIEN

Auch Marmor und andere ebenfalls besonders harte Materialien wie bestimmte Metalle können es auf die Drechselbank schaffen. Für diese Materialien braucht man jedoch einerseits eine Drechselbank, die sich auch für Metalle eignet, und außerdem ein wenig Erfahrung und Geschick, denn es ist nicht allzu einfach, derart harte Materialien drechselnd zu bearbeiten. Mit etwas Übung und der entsprechenden Ausrüstung können Sie es jedoch einmal wagen – Sie können sehr besondere Gegenstände erschaffen.

ELFENBEINSCHNITZER – WENN NUR NOCH DER NAME ÜBRIG BLEIBT

Sie haben im obigen Text schon mehrfach gelesen, dass in früheren Zeiten auch Elfenbein genutzt wurde, um besonders elegante Gegenstände herzustellen. Dieses Material galt als besonders wertvoll und elegant. Der Drechsler wurde damals wie heute deshalb auch als Elfenbeinschnitzer bekannt. Die Bezeichnung ist heute zwar teilweise noch erhalten, Elfenbein vom Elefanten wird jedoch nicht mehr gedrechselt. Dafür gibt es heute Artenschutzabkommen und Tierschutzrechte, die das Ausbeuten der letzten Elefanten für die Elfenbeinjagd zumindest in Europa verbieten. Lediglich Mammutelfenbein landet manchmal noch auf der Drechselbank. Dies ist Elfenbein des längst ausgestorbenen Mammuts, welches durch tausende Gebiete in Sibirien freigegeben wird und dort teilweise noch in großen Massen erhalten ist.

AUF DEN PUNKT GEBRACHT

Zusammengefasst lässt sich sagen: Es gibt eine Vielzahl von Materialien, die bei Ihnen zuhause auf der Drechselbank landen können. Trauen Sie sich und probieren Sie verschiedene Materialien aus. Drechseln lassen sich (abgesehen von Holz):

1. Tierische Produkte wie Knochen, Geweih und Horn
2. Bernstein
3. Kunststoffe
4. Marmor, Metalle und andere Hartmaterialien

Und schließlich kann man heute auch Mammutelfenbein noch verarbeiten, die Beschaffung kann aber schwieriger und teuer werden. Dies ist jedoch eher unnötig, schließlich sieht auch Knochen schön poliert Elfenbein sehr ähnlich.

Drechseln Schritt für Schritt

In diesem Kapitel soll Ihnen das Drechseln besonders anschaulich Schritt für Schritt vermittelt werden. Mit ein paar einfachen Vorübungen zu starten, kann sehr hilfreich sein, um einen möglichst einfachen und gelungenen Einstieg ins Drechslerhandwerk zu finden.

EINFACHE VORÜBUNG

Da aller Anfang schwierig sein kann, empfiehlt es sich, das Handwerk mit leichten Vorübungen zu starten und ein wenig Probearbeit zu leisten, bevor es an die eigentlichen Projekte geht. Dazu eignet sich am besten die Variante des Langholzdrechselns.

Beginnen Sie idealerweise mit einem einfachen Stück Holz (zum Beispiel Kiefer oder Lärche) und spannen Sie es in die Drechselbank so, wie es beim Langholzdrehen gemacht wird: Fest zwischen Mitnehmer und Körnerspitze. Bevor Sie die Drechselbank nun anstellen, versuchen Sie, das Holzstück ein wenig mit der Hand zu drehen und dabei das Drechseleisen Ihrer Wahl anzulegen. Am besten benutzen Sie einen Flachmeißel oder eine einfache Röhre. Wenn Sie das Drechseleisen anlegen und das Holzstück nun manuell drehen, können Sie ein Gefühl für die Bewegung bekommen, ohne dass Sie beim schnellen Rotieren der mechanischen Bank direkt überfordert werden. Die Rotation kann nämlich sehr schnell sein. Daher ist es durchaus ratsam, eine einfache Vorübung zu starten. Auch manuell können Sie ruhig langsam anfangen und dann ein bisschen schneller drehen. Schaben Sie so mit dem Drechseleisen erste Späne Ihres Probestücks ab. Auf diese Art können Sie auch ein Gefühl für den richtigen Abstand und die richtige Druckausübung auf das Dreheisen entwickeln.

Achten Sie darauf, dass die Handablage, auf die Sie die Hand, die das Drechseleisen hält, stützen, möglichst nah am Holzstück dran ist. So drechselt es sich wesentlich leichter. Variieren Sie ruhig mit der Entfernung ein wenig. Auf diese Art bekommen Sie ein Gefühl dafür, wie es bei verschiedenen Arbeiten sein könnte.

Variieren Sie auch den ausgeübten Druck auf das Dreheisen, das kann bei späteren Arbeiten ebenfalls hilfreich sein. Normalerweise sollten Sie recht starken Druck ausüben, doch es schadet nicht, erst einmal ein Gefühl dafür zu bekommen, wie locker Sie lassen können, ohne dass Sie beim Drechseln abrutschen.

Probieren Sie bei Ihren Vorübungen auch ruhig ein paar verschiedene Werkzeuge aus. Sie müssen es nicht übertreiben, aber wenn Sie ohnehin zwei oder drei verschiedene Drechseleisen gekauft haben, dann schadet es nicht, sie am Anfang alle einmal auszutesten. So entwickeln Sie dann schließlich auch ein Gefühl für die verschiedenen Werkzeugarten und Techniken. Manchmal können Werkzeuge auch mit verschiedenen Kanten angesetzt werden. Testen Sie auch das und entdecken Sie, wie vielseitig ein einzelnes Werkzeug einsetzbar ist.

ANWENDUNGSANLEITUNG

Im Folgenden erhalten Sie eine kurze und einfache Anwendungsanleitung über die Schritte für Ihr erstes Probestück bzw. Ihre Vorübung.

Schritt 1: Befestigen Sie das Holzstück zwischen Mitnehmer und Körnerspitze an der Drechselbank. Achten Sie darauf, dass das Holzstück ordentlich festgeschraubt ist. Es soll sich durch die schnelle Rotation möglichst nicht lockern. Beim Langholzdrehen ist diese Gefahr jedoch recht selten, da das Holzstück zwischen beiden Seiten eingespannt und somit gut gesichert ist.

Schritt 2: Legen Sie die Handauflage an und bringen Sie sie so nah wie möglich an das Holzstück, sie darf das Holzstück jedoch nicht berühren. Es muss genügend Platz zwischen der Handauflage und dem Werkstück sein, damit das Dreheisen optimal ansetzen kann. Wenige Zentimeter sind jedoch schon ausreichend.

Schritt 3: Legen Sie nun das Dreheisen Ihrer Wahl auf die Handauflage auf. Schieben Sie es nah an das Werkstück heran, bis der Kopf bzw. die Spitze des Eisens auf dem Holz ansetzt. Halten Sie das Dreheisen fest im Griff. Am besten halten Sie eine Hand weit hinten am Eisen fest, insbesondere dann, wenn es einen langen Arm zum Greifen und Stützen hat. Achten Sie darauf, dass Sie die Hand dicht am Körper halten. Das sorgt für erhöhte Sicherheit. Die zweite Hand greift weit oben am Werkzeug. Sie können die Hand entweder von oben an das Dreheisen legen oder von unten greifen. Greifen Sie von oben, haben Sie besonders viel Krafteinwirkung, greifen Sie von unten, sind Sie etwas flexibler in der Bewegungsfreiheit. Probieren Sie ruhig beide Taktiken einmal aus. Probieren Sie die Griffe erst trocken, also ohne jegliche Drehbewegung aus. So erhalten Sie nach und nach ein besonders gutes Gespür für die Griffe.

Schritt 4: Drehen Sie das Holzstück nun ein paar Mal manuell hin und her. Sie können dies entweder mit einer Hand machen, sodass Sie das Dreheisen auch nur mit einer Hand halten – dabei empfiehlt es sich, ein Dreheisen zu benutzen, das keinen allzu langen Griff hat – oder Sie geben dem Holzstück einen ordentlichen Schwung, sodass Sie das Werkzeug dann mit beiden Händen festhalten können. Vielleicht haben Sie ja auch eine/n nette Helfer/in, die/der Ihnen diesen Schritt erleichtert und das Holz manuell bewegt. So können Sie die Bewegung des Werkzeugs einmal langsam ausprobieren.

Schritt 5: Wenn Sie sich einigermaßen vorbereitet fühlen, dann setzen Sie die Drechselbank in Gang und versuchen Sie, erste Arbeiten bei schneller Rotation zu verrichten. Halten Sie das Dreheisen konzentriert und versuchen Sie, gleichmäßigen Druck auszuüben.

Wenn Sie all diese Schritte ausprobiert haben, machen Sie ruhig eine kurze Pause und wiederholen Sie sie anschließend mehrere Male.

Versuchen Sie nach den ersten paar Versuchen, einmal den Druck zu variieren, das Werkzeug auszutauschen etc. Üben Sie mit jeder Variante ruhig mehr als einmal, bis Sie sich einigermaßen sicher mit der Rotation fühlen. Wenn Sie anfangs ein paar Mal abrutschen, lassen Sie sich nicht demotivieren – das ist völlig normal und wird mit der Übung schnell besser.

SICHERHEITSHINWEISE

Drechseln ist kein besonders gefährliches Handwerk. Ein paar Sicherheitshinweise gibt es aber dennoch zu beachten, um ein angenehmes und ungefährliches Arbeitsklima zu erstellen und auch kleinere Unfälle zu vermeiden.

Ordentliche Befestigung

Beim Langholzdrehen kann in der Regel nicht viel passieren, da das Holzstück zwischen Spindelstock und Reitstock ausreichend gesichert ist. Sollte es doch einmal locker sein, kann dies aber zu unsauberen Arbeiten und zum Abrutschen des Werkzeugs führen. Achten Sie daher stets darauf, das Werkstück ordentlich festzuschrauben. Beim Querholzdrehen oder bei anderen Unterformen ist dies umso wichtiger, da das Werkstück hier nur einseitig befestigt wird. Ein Abrutschen des Werkzeuges kann unter Umständen zu kleineren Verletzungen führen. Zu Ihrer eigenen Sicherheit sollten Sie es daher ruhig einmal mehr überprüfen.

Schutz vor Holzspänen und Staub

Beim Drechseln wird wie bei allen maschinellen und schnellen Schleifarbeiten auch eine Menge Späne und Staub produziert. Beides kann gesundheitliche Beeinträchtigungen hervorrufen.

Feinstaubpartikel können zum Beispiel eingeatmet werden und so in die Lunge gelangen. Dieser Feinstaub kann auch schon bei grober Arbeit entstehen. Außerdem können in seltenen Fällen die Hölzer bestimmter Laubbäume auch Schimmelsporen in sich tragen – gerade, wenn Sie diese frisch beschafft haben und sie noch unbearbeitet sind. Diese können durch das Drechseln freigesetzt werden. Gemeinsam mit dem Staub können sie dann durch die Luft in die Atemwege und die Lunge gelangen und so für erhebliche gesundheitliche Beeinträchtigungen sorgen. Auch allergische Reaktionen sind möglich. Doch Sie brauchen deshalb jetzt keine Angst zu haben: Vorsorge lässt sich leicht betreiben. Nutzen Sie beim Drechseln einfach eine Staubschutzmaske und saugen Sie außerdem regelmäßig den Staub ab. Dies können Sie bereits sehr effektiv mit einem handelsüblichen Staubsauger machen. Beide Maßnahmen schützen Ihre Gesundheit effektiv und sorgen dafür, dass Sie noch lange Freude am Drechseln haben werden.

Lärmschutz

Die Drechselbank kann wie alle Elektrowerkzeuge auch sehr laut werden. Auch andere Werkzeuge wie der oben erwähnte Staubsauger können zusätzliche Lärmbelästigungen darstellen. Der dauerhafte Lärmpegel kann sich negativ auf Ihr Gehör und auch Ihre Psyche auswirken – permanenter Lärm ist schließlich ungesund und kann auch Stress hervorrufen. Um Ihre Gesundheit also effektiv zu schützen, achten Sie auch auf ausreichenden Lärmschutz. Das können Sie mit mehrfachen Mitteln erreichen: Sie können beim Kauf einer Drechselbank auf einen leisen Motor achten, um die Lärmbelästigung von vornherein klein zu halten. Sie können außerdem einen Gehörschutz während der Arbeit tragen, um die Lärmbelastung während des Arbeitens zu reduzieren. Und schließlich können Sie durch regelmäßige Ruhepausen dafür sorgen, dass Sie dem Lärm nicht ununterbrochen ausgesetzt sind.

Schützen Sie Ihre Augen

Wie bereits erwähnt, können beim Drechseln unkontrolliert Späne durch die Luft fliegen. Solche Späne bewegen sich aufgrund der schnellen Rotation der Drehbank mit rasanter Geschwindigkeit durch die Luft. Tragen Sie keinen Schutz im Gesicht, kann dies im wahrsten Sinne des Wortes ganz schnell ins Auge gehen. Bereits ein einfacher Span kann das menschliche Auge stark verletzen. Daher sollten Sie auf jeden Fall auf eine ordentliche Schutzbrille achten. Auch die bereits erwähnten Schimmelpilzsporen können die Augen reizen oder im schlechtesten Fall sogar zu Entzündungen führen. Auch dagegen hilft jedoch eine einfache Schutzbrille oder ein sogenanntes *Visier.* Achten Sie also stets darauf, dass Sie die Drechselbank niemals ohne Augenschutz anstellen.

Sorgen Sie für ausreichend Licht

Sorgen Sie stets für ausreichend Licht in Ihrer Drechselwerkstatt. Wenn es sich um einen eher dunklen Raum handelt, sollten Sie entsprechend gute Lampen verwenden, um an der Drechselbank ausreichend Helligkeit zu erhalten. Sorgen Sie auch dafür, dass gerade die rotierenden Teile der Drechselbank und die Hand, die das Werkzeug hält, ausreichend beleuchtet sind. So vermeiden Sie nicht nur Stress für die Augen, sondern auch Verletzungen, die durch schlechte Sicht schnell entstehen können.

Arbeiten Sie stets konzentriert und bleiben Sie aufmerksam

Verletzungen entstehen beim Handwerken allgemein nur allzu häufig, weil unkonzentriert gearbeitet wird. Um das zu vermeiden, sollten Sie stets nur dann an die Drechselbank gehen, wenn Sie wach und konzentriert sind. Das Drechseleisen muss stets fest im Griff gehalten und die Schnittfläche im Blick behalten werden. Gerade bei Arbeiten, die länger andauern, kann dies durchaus auch einmal ermüdend wirken. Machen Sie daher ruhig eine Pause, wenn Sie merken, dass Sie unkonzentriert werden. Ansonsten kann durch Abrutschen Ihrer Hand schnell nicht nur das Werkstück größeren Schaden nehmen.

Sorgen Sie für festen Stand

Sorgen Sie auch immerzu für einen festen Stand. Gerade bei Arbeiten, bei denen relativ viel Krafteinwirkung erfolgt, ist es wichtig, dass Sie nicht nur konzentriert dabei sind, sondern auch einen festen Stand an der Drechselbank haben. Arbeiten Sie daher möglichst mit rutschfesten Schuhen. Vermeiden Sie Flip-Flops oder Sandalen und sorgen Sie auch für eine angemessene Arbeitskleidung – ein Halstuch oder Schal sollte stets abgelegt werden, da er beim Arbeiten nur im Weg sein wird.

Behalten Sie diese Sicherheitstipps stets im Hinterkopf, dann sollte auch alles gut gehen. Sicheres Arbeiten sorgt dafür, dass Sie auch nachhaltig Freude am Handwerk haben.

WICHTIGE TIPPS

Hier noch ein paar wichtige Tipps, die Ihnen den Einstieg ins Drechseln außerdem erleichtern werden.

Werkzeuge brauchen den richtigen Schliff und den richtigen Winkel

Wie zuvor schon einmal erwähnt, ist es wichtig, dass Ihre Werkzeuge richtig geschliffen sind. Achten Sie also immer darauf, dass Sie mit scharfen Werkzeugen arbeiten, denn nur so erzielen Sie ein sauberes und splitterfreies Ergebnis. Achten Sie außerdem darauf, dass Ihr Werkzeug den richtigen Winkel besitzt. Werkzeuge, die speziell für das Drechseln hergestellt wurden, haben meistens eine Länge von 40 bis 50 cm. Auch eine ausreichende Länge ist bei den Werkzeugen wichtig, damit Sie ausreichend Festigkeit beim Arbeiten haben.

Genaues Maß nehmen

Häufig werden Sie beim Handwerken auch Maß nehmen müssen, teilweise womöglich sogar, weil Sie ein bestimmtes Werk kopieren bzw. vervielfältigen möchten. Ein gutes Auge ist beim Handwerk sicherlich von Vorteil, ganz darauf verlassen sollten Sie sich jedoch nicht unbedingt. Nehmen Sie stattdessen lieber genauer Maß mit einem dafür geeigneten Werkzeug.

Ein Kontrollblick hilft

Ein kontrollierender Blick zwischendurch kann gerade am Anfang sehr hilfreich sein. Wenn Sie also mit Ihrem ersten Drechselwerk beginnen, scheuen Sie sich nicht, die Drechselbank zwischendurch auszuschalten und einen prüfenden Blick auf Ihr Werkstück zu werfen, bevor Sie weitermachen. Alles noch im richtigen Maße? Alles einigermaßen gleichmäßig und glatt? Sehr gut, dann kann es weiter gehen. Nehmen Sie das Werkstück auch ruhig aus der Drechselbank heraus, um es in

Ruhe von allen Seiten anzuschauen.

Scheuen Sie sich nicht, um Hilfe zu bitten

Scheuen Sie sich nicht, ein zweites Paar Augen zur Hilfe zu holen. Gerade am Anfang können Sie noch etwas unsicher sein oder möchten vielleicht sogar jemanden mit etwas Drechselerfahrung hinzuziehen. Sie können Ihre ersten Erfolge auch völlig allein erzielen, keine Frage. Aber manchmal hilft es doch, wenn einem jemand über die Schulter schaut und bestätigt, dass alles seine Richtigkeit hat. Wenn Sie also solch eine Person praktischerweise in Ihrer Nähe haben, scheuen Sie sich nicht davor, zu fragen.

Sorgen Sie für einen sauberen Arbeitsplatz

Reinigen Sie Ihren Arbeitsplatz stets nach Beendigung des Werkens und am besten saugen Sie Staub auch einmal vorweg auf, wenn Sie ein paar Tage lang nicht in Ihrer Werkstatt tätig gewesen sind. So haben Sie schon zu Beginn des Arbeitens ein sauberes und gesundes Umfeld. Das motiviert nicht nur, sondern hält auch Ihren Körper gesund. Sorgen Sie auch dafür, dass Sie mit einem sauberen Werkstück arbeiten und entfernen Sie ggf. vor der Arbeit auch Staubpartikel und Ähnliches.

Arbeiten Sie zu Beginn mit einer niedrigen Drehzahl

Gerade am Anfang und im Hobbybereich allgemein gilt: Es geht nicht um schnelles Arbeiten. Es geht darum, dass Sie sicher, sauber und mit viel Freude arbeiten. Also arbeiten Sie am Anfang ruhig mit einer niedrigen Drehzahl. Auch mit etwas mehr Erfahrung schadet es nicht, die Drehzahl eher niedrig zu halten, es sei denn, das spezielle Projekt verlangt eine hohe Drehzahl. Je schneller die Rotation ist, desto größer ist die Gefahr, dass das Werkstück doch einmal locker wird oder gar davon fliegt. Gerade, wenn Sie noch unerfahren sind, kann es außerdem das Arbeiten erschweren. Also arbeiten Sie gerade zu Beginn lieber mit einer etwas langsameren Rotation, dafür aber sauber und sicher. Und stellen Sie sicher, dass das Werkstück richtig festgeschraubt ist.

BASISANLEITUNG FÜR EIN PROBESTÜCK

Im Folgenden finden Sie eine Basisanleitung für ein Probestück. Damit können Sie sich an das Drechseln noch einmal genauer herantasten, bevor Sie mit Ihren eigentlichen Projekten loslegen.

Als Probearbeit eignet sich eine kleine Schale besonders gut. Sie ist einfach zu drechseln und man kann sicherlich einen schönen Platz dafür im Haushalt finden.

Gehen Sie wie folgt vor:

Schritt 1: Besorgen Sie sich einen Holzrohling – entweder einen, der bereits rund gesägt wurde oder sägen Sie ein kreisrundes Stück heraus, sodass Sie eine Runde Scheibe als Rohling erhalten. Der Rohling sollte etwa eine Stärke von 5 cm haben.

Schritt 2: Befestigen Sie diesen Rohling zwischen Mitnehmer und Körnerspitze an der Drechselbank. Dafür müssen Sie zunächst ein Loch einbohren, das etwa 3 mm Durchmesser hat und 8 mm tief ist. Damit wird der Rohling an der Drechselbank angebracht.

Schritt 3: Stellen Sie eine eher niedrige Drehzahl ein – Sie brauchen hier noch keine hohe Drehzahl, im Gegenteil: Ein langsames Rotieren kann bei den ersten Schritten durchaus von Vorteil sein.

Schritt 4: Mit einem Flächendreheisen wird der Rohling bei niedriger Rotation zu einer Scheibe abgedreht, das heißt, die Ränder werden glatt gearbeitet. Auf diese Art sieht der runde Holzrohling am Ende wie eine schöne Scheibe aus.

Schritt 5: Erhöhen Sie nun die Drehzahl wieder ein wenig, sofern Sie sich damit noch sicher und wohl fühlen – Sie können anfangs auch durchweg mit niedriger Drehzahl arbeiten, es dauert dann nur ein wenig länger. Auf der Seite der Körnerspitze wird nun ebenfalls wieder abgeflacht. Dies wird die Unterseite der Schale. Nach dem Abflachen des Rohlings drechseln Sie in die Mitte eine ca. 3 mm tiefe, runde bis zylindrisch aussehende Vertiefung. Der Durchmesser sollte möglichst klein sein – so klein wie die kleinste Planscheibe, mit der Ihre Drechselbank ausgestattet ist. Wenn Sie sich nicht sicher sind, stoppen Sie das Gerät und nehmen Sie das Holzstück kurz heraus, um die Maße zu überprüfen.

Schritt 6: Nehmen Sie den Rohling nun ganz heraus und bringen Sie die Planscheibe an der dafür gefertigten Einbuchtung fest an. Bringen Sie anschließend das Werkstück wieder an die Drechselbank.

Schritt 7: Nun geht es an die äußere Rundung der Schale. Arbeiten Sie dafür wieder mit maximal mittlerer Drehzahl und am besten mit einem Flachmeißel. Das Material wird nun schrittweise abgetragen. Arbeiten

Sie dabei von der Unterseite (da, wo die Planscheibe befestigt ist) zur Oberseite hin. Am besten arbeiten Sie ein wenig schräg, sodass die Schale unten etwas schmaler ist als oben. Das sieht besonders hübsch aus. Machen Sie dies ruhig in aller Ruhe und nehmen Sie sich all die Zeit, die Sie benötigen, bis die Außenform in etwa wie gewünscht aussieht.

Schritt 8: Danach wenden Sie sich der Oberfläche zu. Bringen Sie dazu zunächst die Handauflage neben der Oberfläche und etwa auf Höhe der Mittelachse an. So können Sie sicherstellen, dass Sie beim Arbeiten nicht mit dem Werkzeug abrutschen. Die Drehzahl kann auch hier wieder niedrig eingestellt sein. Markieren Sie mit einem kleinen Schnitt die Breite der Schalenwand (also wie dick Ihre Schalenwand werden soll).

Schritt 9: Nun können Sie – am besten mit einer Röhre – das Innere herausdrechseln, also alles, was zwischen der Markierung und dem Mittelstück, an dem die Körnerspitze noch befestigt ist, liegt. Arbeiten

Sie auch hier in Ruhe, und zwar solange, bis Sie die gewünschte Tiefe erreicht haben.

Schritt 10: Nun montieren Sie den Reitstock mitsamt Körnerspitze ab und bringen die Handauflage wieder näher zur Mitte. Entfernen Sie nun mit der Röhre auch das übrig gebliebene Mittelteil.

Schritt 11: Wenn Sie nun noch einen Feinschliff vornehmen wollen, können Sie bei eher hoher Drehzahl auch noch an der Drechselbank weiterarbeiten. Tragen Sie jedoch nicht zu viel ab. Sie können stattdessen auch außerhalb der Bank mit Schleifmaterialien arbeiten. Montieren Sie die Schale dazu vorher komplett ab.

Herzlichen Glückwunsch! Sie haben Ihr erstes Werk gedrechselt!

Praxisprojekte

Das Herzstück dieses Buches ist der Teil der praktischen Projekte. Hier finden Sie eine Reihe von Projektvorschlägen inklusive Anleitungen, die Ihnen den Start erleichtern und auch Fortgeschrittenen Inspirationen und Hilfestellung liefern können. Für jeden Schwierigkeitsgrad ist etwas dabei. Außerdem finden Sie als Bonus ein paar Ideen für erste Werke, die nicht aus Holz bestehen. Viel Spaß beim Nacharbeiten!

10 DRECHSELPROJEKTE ZUM ÜBEN

Die ersten zehn Projekte, die Ihnen vorgestellt werden, eignen sich wunderbar zum Üben an der Drechselbank. Sie sind besonders leicht und schnell nachzumachen. Viel Vergnügen!

Der Teelichthalter

Der Teelichthalter ist eines der einfachsten Werke der Drechslerei. Lernen Sie Schritt für Schritt, wie Sie ihn herstellen können.

Schritt 1: Die Grundlagen funktionieren genau wie bei der oben erwähnten kleinen Schale (Probeprojekt). Befolgen Sie die dort aufgeführten Schritte 1 bis 6, aber bringen Sie den Rohling danach nicht beidseitig, sondern nur einseitig an der Drechselbank an.

Schritt 2: Runden Sie die Unterseite (die Seite, die mit der Planscheibe befestigt ist) noch einmal nach. Anschließend geht es an die Oberseite.

Schritt 3: Auch die Oberseite wird abgerundet bzw. so bearbeitet, dass ein linsenartiger Körper entsteht. Das erreichen Sie, indem Sie am Außenrand ansetzen und mit gleichmäßigem Druck bis zur Mitte hinarbeiten. Der Druck sollte nicht zu stark sein. So können Sie langsam, aber gleichmäßig Schicht für Schicht des Holzes abtragen.

Schritt 4: Tragen Sie nun in der Mitte eine Vertiefung aus, die ca. 5 cm Durchmesser hat, also so grob, dass ein Teelicht gut hineinpasst. Falls Sie sich nicht sicher sind, entfernen Sie das Werkstück noch einmal aus der Bank und messen Sie nach.

Schritt 5: Entfernen Sie das Werkstück aus der Drechselbank. Nun können Sie es noch schleifen oder nachbearbeiten (etwa mit Lack oder Ölen etc. – Näheres dazu später). Schon ist Ihr Teelichthalter fertig.

Ein Klüpfel

Ein Klüpfel (auch Knüpfel oder Klöpfel genannt) ist ein Werkzeug ähnlich dem Klopfholz – es besteht aus Holz, sieht einem Hammer relativ ähnlich und wird meist von Tischlern und Zimmerern genutzt. Sie können sich also auch für Ihre Werkstatt ein eigenes Werkzeug drechseln.

Schritt 1: Besorgen Sie sich ein astförmiges Stück Holz, das Sie zwischen die Drechselbank spannen können.

Schritt 2: Bei mittlerer Drehgeschwindigkeit können Sie nun mit einem Flachmeißel anfangen, die Außenränder des Rohlings abzutragen und glatt zu drechseln. Bringen Sie zunächst den ganzen Rohling auf die Dicke, die der Kopf des Knüpfels haben soll.

Schritt 3: Markieren Sie das obere Drittel bzw. die Stelle, an welcher der Kopf aufhören und der Stiefel anfangen soll. Dort setzen Sie mit einer Formröhre an. Schneiden Sie nun mit der Formröhre solange, bis der Stiel ebenfalls die gewünschte Dicke erlangt hat. Versuchen Sie dabei, den Übergang zwischen Kopf und Stiel möglichst glatt und fließend herzustellen. Dies kann am Anfang ein wenig knifflig sein, ist aber eine ideale Übung, um auch solche Stellen später gut hinzubekommen.

Schritt 4: Flächen Sie auch den oberen Teil des Kopfes ein wenig ab und sorgen Sie für eine angenehme Rundung. Sie können ruhig mit langsamerer Drehzahl arbeiten, wenn Sie noch unsicher sind.

Schritt 5: Variieren Sie ruhig ein wenig am Stiel – Sie können ihm einen leichten Schwung verpassen oder versuchen, auch das untere Ende des Stiels ein wenig breiter zu lassen, so dass eine Art Kugel entsteht. Der Stiel soll am Ende lediglich einigermaßen gut in der Hand liegen. Dieses Werk ist ideal, um sich mit der Formröhre ein wenig auszuprobieren, also keine Scheu!

Nudelholz – Variante 1

Auch ein Nudelholz eignet sich prima für den Einstieg. Hier müssen Sie nur am Ende die Einzelteile zusammenschrauben. Sie brauchen entweder drei verschiedene Rohlinge oder ein besonders langes Stück Holz, von dem Sie zwei gleich große Teile absägen, die später die Griffe werden sollen.

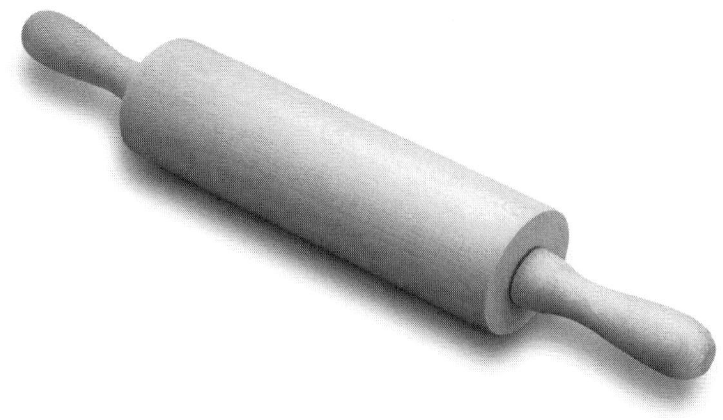

Schritt 1: Auch hier ist ein Rohling in Astform ideal, da er schon einmal in die Länge geht. Sie können natürlich auch auf einen richtigen (getrockneten und dicken) Ast zurückgreifen. Spannen Sie auch hier das Werkstück wieder beidseitig in die Drechselbank.

Schritt 2: Auch beim Nudelholz bringen Sie das Mittelstück auf die gewünschte Dicke. Benutzen Sie dafür einen Flachmeißel und arbeiten Sie möglichst gleichmäßig. Stellen Sie sicher, dass das Holz überall die gleiche Dicke hat. Die Enden können Sie ein wenig abrunden, das lässt Sie weicher wirken.

Schritt 3: Entfernen Sie das Mittelstück und spannen Sie einen der Rohlinge für die Griffe ein. Auch diesen bringen Sie zunächst mit einem

Flachmeißel in die richtige Form und Dicke. Wenn Sie möchten und experimentierfreudig sind, dann können Sie auch hier wieder mit der Formröhre ein wenig herumspielen und zum Beispiel den Griffen einen leichten Schwung von der Mitte aus zu den Seiten hin verleihen oder dem Griff durch schöne kugelförmige Enden einen besonderen Stil verleihen. Trauen Sie sich ruhig, ein wenig auszuprobieren. Solange die Griffe am Ende ordentlich in der Hand liegen, machen Sie nichts falsch.

Schritt 4: Kopieren Sie den Griff mit dem letzten Rohling. Dazu sollten Sie den Durchmesser an mindestens drei Stellen genau messen (Mitte und beide Seiten) und mit einem Bleistift und einer Kerbe exakt übertragen. Sorgen Sie dabei zuerst für eine kleine Kerbe und füllen Sie diese mit dem Bleistift aus, sodass Sie beim Drechseln sichtbar bleibt.

Schritt 5: Schrauben Sie die beiden Griffe an den Körper des Nudelholzes an. Fertig!

Nudelholz – Variante 2

Sie können das Nudelholz auch in einer anderen Variante herstellen, und zwar, ohne den Griff zu kopieren.

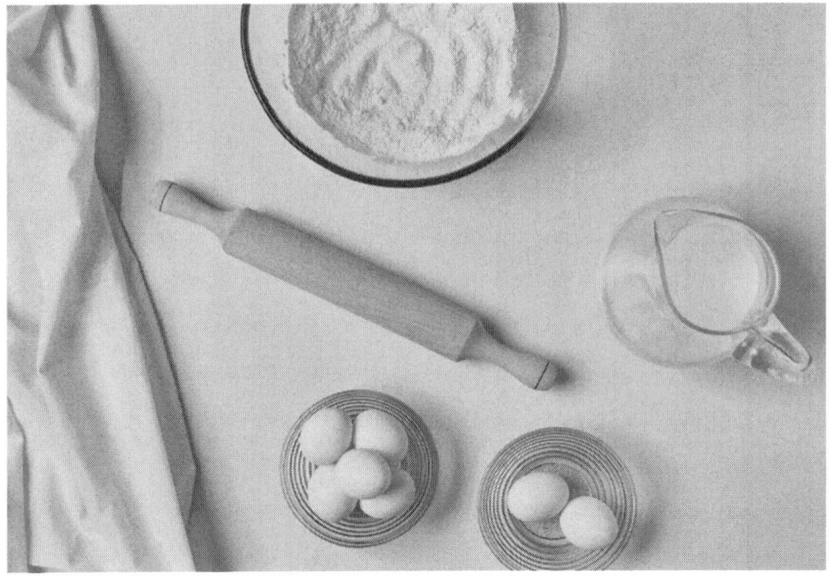

Schritt 1: Das Mittelteil des Nudelholzes stellen Sie genau wie oben beschrieben fertig.

Schritt 2: Die Griffe werden nun aus ein und demselben Teil gefertigt. Sie brauchen also keine drei Rohlinge, sondern nur zwei. Dafür muss der Zweite lang genug sein, um für zwei Griffe auszureichen. Spannen Sie ihn in die Drechselbank und bearbeiten Sie ihn mit dem Flachmeißel so, dass er die grundsätzliche Dicke des Griffes hat.

Schritt 3: Auch hier können Sie wieder versuchen, ein wenig auszuprobieren. Möchten Sie den Griff ein wenig aufwendiger gestalten? Achten Sie darauf, dass Sie die Mitte markieren. Dort wird der Griff am Ende getrennt. Arbeiten Sie also immer so, dass beide Seiten spiegelgleich sind. Was Sie auf der linken Seite tun, müssen Sie auf der rechten Seite exakt kopieren. Auch hier werden Sie öfter einmal nachmessen müssen.

Schritt 4: Achten Sie darauf, dass Sie zur Mitte geschmeidig abrunden und auch die jeweiligen Enden glatt werden. Wenn Sie fertig an der Drechselbank sind, können Sie den Griff entfernen und in der Mitte spalten oder zur Not auch sägen. Danach brauchen Sie nur noch ein wenig zu schleifen.

Schritt 5: Auch hier müssen Sie die Griffe noch anschrauben. Dann ist es auch schon geschafft.

Übrigens: Mit etwas Übung kann ein Nudelholz auch komplett in einem Stück gedrechselt werden. Dafür müssen Sie dann an beiden Seiten entsprechend die Grifflänge abmessen und gleichmäßig herunter drechseln (ähnlich wie beim Knüpfel).

Rundstab mit Hohlkehle

Auch der Rundstab mit Hohlkehle kann ein gutes Übungsprojekt sein. Er kann die Vorlage für spätere Treppenpfosten und Möbelbeine werden.

Schritt 1: Auch hier fangen Sie mit einem astförmigen bzw. stabförmigen Rohling an. Spannen Sie ihn beidseitig in die Drechselbank.

Schritt 2: Beginnen Sie auch hier zunächst damit, den Rundstab ein wenig zu schmälern; arbeiten Sie mit einem Flachmeißel.

Schritt 3: Nehmen Sie nun eine Formröhre, um die Hohlkehle zu bearbeiten. Dies machen Sie, indem Sie sich zunächst die Größen, die Anzahl und die Abstände der Hohlkehlen überlegen. Wie viele möchten Sie erschaffen? Wie breit sollen sie sein und wie breit die Abstände dazwischen? Sie können auch mit einem Bleistift markieren, wo Sie zu schneiden ansetzen möchten, dann fällt es Ihnen womöglich leichter.

Schritt 4: Setzten Sie bei der ersten Hohlkehle an. Wichtig bei der Hohlkehle ist, dass Sie zur Mitte der Kehle hinarbeiten, und das abwechselnd von beiden Seiten. Nur so erhalten Sie ein glattes Ergebnis mit der Röhre.

Schritt 5: Wiederholen Sie den letzten Vorgang so oft, bis Sie alle Hohlkehlen erschaffen haben.

Schritt 6: Runden Sie mit dem Meißel die Enden ab und schleifen Sie am Ende noch etwas nach. Schon haben Sie Ihr erstes Werk mit Hohlkehlen erschaffen.

Kleine Tannenbaumfigur

Eine einfache Tannenbaumfigur kann die Übung mit dem Meißel voranbringen und gleichzeitig eine hübsche Dekorationsfigur zur Weihnachtszeit werden.

Schritt 1: Sie benötigen ein stabförmiges Holzstück als Rohling und spannen dies beidseitig in die Drechselbank. Nun setzen Sie den Meißel an und schneiden von einer Seite leicht schräg zur anderen herunter, sodass der Rohling zu einer Seite hin schmaler wird.

Schritt 2: Wiederholen Sie die Arbeit in Schritt 1 solange, bis Sie am dünneren Ende die Dicke der Tannenbaumspitze erreicht haben. Setzen Sie kurz vor der Spitze an und fügen Sie eine leichte Kerbe ein. Dies können Sie auch mit einer Röhre machen. Das ist nun der Endpunkt für den Tannenbaum, sodass darüber am Ende noch eine kleine Kugel übrigbleibt. Diese Kugel wird die Schmuckspitze des Tannenbaums darstellen.

Schritt 3: Nun schneiden Sie erneut vom dickeren Ende zum dünneren Ende bis zu der Kugel, und zwar solange, bis der Rest des Baumes in etwa die Dicke hat, die er am Ende haben soll. Sie können auch den Fuß durch eine leichte Kerbe etwas absetzen, um einen schöneren Stand zu erzielen.

Schritt 4: Nun fügen Sie eine leichte schräge Kerbe ein kleines Stück unterhalb der Spitze ein und arbeiten dorthin. Fügen Sie mehrere dieser schrägen Kerben von unten nach oben ein, um die Blätter des Baumes darzustellen. Wiederholen Sie diesen Schritt solange, bis alle Blätter des Baumes fertig sind.

Offene Dose

Eine Dose ohne Deckel eignet sich ebenfalls als gutes Übungsmodell. Benutzen Sie auch hierfür wieder einen Rohling, der eine Stabform hat. Dieser kann jedoch recht kurz sein bzw. so kurz oder lang, wie die Dose hoch sein soll. Diese Dose bringt Ihnen außerdem das Aushöhlen mit dem Haken nahe.

Schritt 1: Spannen Sie den Rohling einseitig in die Drehbank ein. Setzen Sie mit dem Haken in der Mitte an und starten Sie die Drehbank mit mittelschneller Rotation.

Schritt 2: Höhlen Sie nun mit dem Haken langsam die Dose aus. Dazu setzen Sie den Haken leicht schräg an. Nehmen Sie ein wenig Material weg und setzen Sie dann erneut an. Gehen Sie dabei zuerst in die Tiefe und dann langsam gleichzeitig nach und nach in die Breite.

Schritt 3: Wiederholen Sie Schritt 2 solange, bis der Dosenrand die gewünschte Breite hat. Fertig ist Ihre erste Dose.

Treppensprossen

Auch Treppensprossen können wunderbare Übungen sein. Sie lassen sich ähnlich wie der Rundstab mit Hohlkehlen herstellen, doch Sie können auch hier sehr experimentierfreudig werden.

Schritt 1: Nehmen Sie erneut einen länglichen Rohling zur Hand und spannen Sie ihn in die Drehbank. Bringen Sie ihn nun langsam in die gewünschte Breite, benutzen Sie dazu idealerweise einen Flachmeißel. Bedenken Sie, dass eine Treppensprosse ziemlich dünn ist. Sie müssen hier also ein wenig mehr Geduld und Feingefühl anwenden als bei dem Rundstab. Eine gute Übung für Ihr Geschick.

Schritt 2: Setzen Sie in der Mitte der Sprosse an und fügen Sie eine leichte Kerbe ein. Wiederholen Sie dies jeweils in der Mitte der beiden so entstandenen Hälften. Nun haben Sie etwa vier gleich große Teile.

Schritt 3: Beginnen Sie nun, die Enden und Mitten abzuflachen. Das machen Sie, indem Sie mit einem Flachmeißel jeweils von der Mitte des jeweiligen Teiles zur Kerbe hin ansetzen und ein wenig Material wegnehmen, sodass das Holz zu den Kerben hin jeweils abflacht. Wiederholen Sie das an allen Teilen.

Schritt 4: Geben Sie den Endstücken nun vorsichtig noch geschmeidige Rundungen. Anschließend entfernen Sie die Sprosse wieder aus der Drehbank und Schleifen noch ein wenig nach.

Treppensprossen kopieren

Sie haben bereits schöne Holzsprossen an Ihrer Treppe oder möchten mehr von einer neuen Sprosse anfertigen? Kopieren Sie die Treppensprossen, die bereits vorhanden sind. Dazu nehmen Sie die alte Sprosse als Vorlage und nehmen genau Maß.

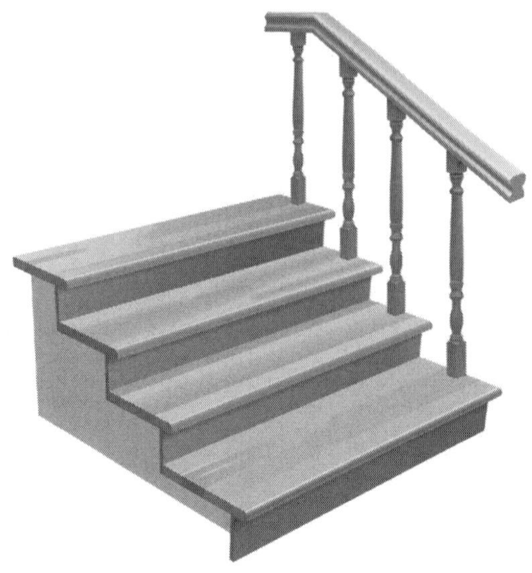

Schritt 1: Messen Sie zunächst den dicksten Punkt. Spannen Sie Ihren Rohling in die Drehbank und bringen Sie ihn auf diese Dicke.

Schritt 2: Messen Sie nun den nächstdickeren Punkt sowie die Länge dieser Stelle und arbeiten Sie sie aus.

Schritt 3: Messen Sie auch alle weiteren Stellen aus und schneiden Sie mit dem Meißel den Rohling so zurecht, dass Sie wie oben auch jeweils zu den Kerben hin die Teile abflachen bzw. Kugeln entstehen lassen, solange, bis Sie alle Einzelbereiche des Treppensprossens kopiert haben.

Schritt 4: Entfernen Sie die Sprosse aus der Drehbank und schleifen Sie, wenn nötig, noch ein wenig nach.

Die Kugel

Das letzte Übungsprojekt in diesem Bereich ist die Kugel. Auch hier lassen sich Geschick und Feingefühl wieder testen. Ein schönes Projekt für den Anfang. Sie müssen hier das Dreheisen jedoch fest in der Hand halten, es erfordert also ein wenig mehr Sicherheit als die anderen Projekte. Doch es eignet sich sehr gut, um genau dies zu trainieren. Nutzen Sie daher anfangs ruhig eine niedrige Drehzahl.

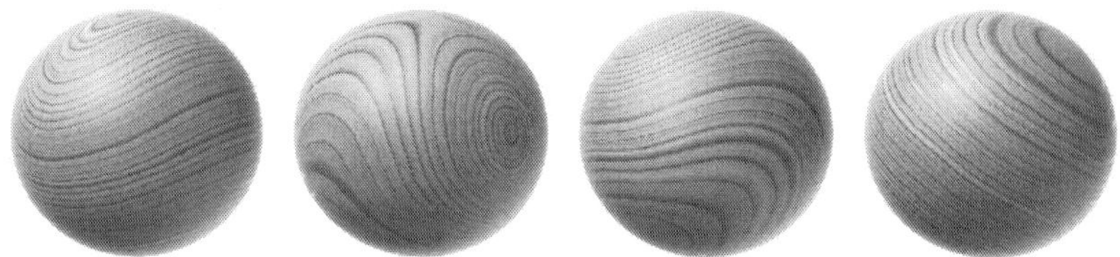

Schritt 1: Nehmen Sie einen zylinderförmigen Rohling und bringen Sie ihn ggf. in die gewünschte Breite. Dies gelingt wie bei vorigen Projekten auch mit dem Flachmeißel.

Schritt 2: Spannen Sie danach den Rohling diagonal in die Drehbank. Wichtig ist, dass Sie am Reitstock noch einen Klemmring anbringen. Dieser kann zunächst lose baumeln, Sie brauchen ihn aber im nächsten Schritt.

Schritt 3: Drechseln Sie die Ecke, die am Reitstock sitzt, mit dem Abstechstahl ab und bringen Sie danach den Klemmring so an diese Stelle, dass er den Rohling sicher an der Drehbank fixiert. So kann beim weiteren Drechseln der Rohling nicht aus der Fassung fliegen.

Schritt 4: Drechseln Sie nun den Rohling in die eigentliche Kugelform. Durch die schnelle Rotation sieht man bereits im Inneren des Rohlings eine Kugelform. Sie können ganz einfach auf diese Form hin drechseln.

Normalerweise können Sie mit ausreichend Geduld und Vorsicht kaum etwas falsch machen, die Form kann man nämlich nicht nur sehen, man hört und fühlt sie auch am Eisen.

Schritt 5: Wechseln Sie nach einer Weile am Reitstock eine Körnerspitze aus Holz ein, die die Kugel besser hält, ohne Abdrücke zu hinterlassen, und schleifen Sie dann den Rest. Am Ende können Sie noch mit Schleifpapier Feinarbeit übernehmen.

Nun haben Sie eine Reihe interessanter Ideen für Übungsprojekte bekommen. Viel Spaß beim Nachdrechseln!

10 DRECHSELPROJEKTE FÜR EINSTEIGER

Die nächsten Projekte sind ebenfalls noch gut für den Anfang geeignet. Werden Sie kreativ mit diesen Ideen.

Glocke

Eine kleine Glocke kann gerade in der Vorweihnachtszeit ein hübsches Geschenk oder ein toller Dekorationsartikel werden.

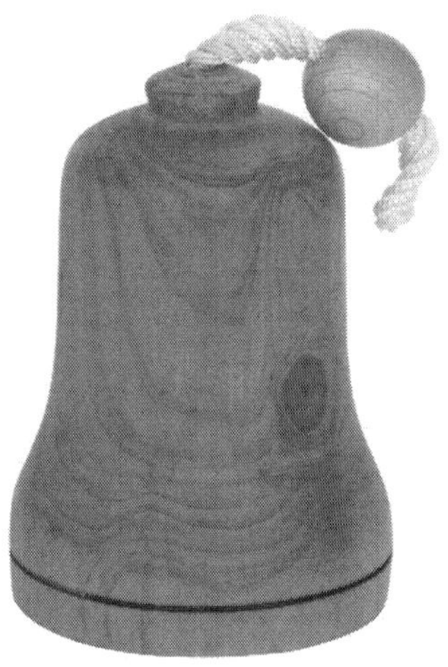

Schritt 1: Nutzen Sie einen zylinderartigen Rohling wie für die bereits erwähnte offene Dose. Er sollte nur ein wenig kleiner sein – ebenso klein, dass er schon ungefähr die Größe der kleinen Dekorationsglocke hat. Spannen Sie den Rohling einseitig an die Drechselbank. Auch hier können Sie zunächst ein wenig die Außenseite glätten. Vor allem aber

sollten Sie den Boden plan drehen, also glätten und abflachen. Das geht zum Beispiel mit einem Meißel.

Schritt 2: Nun können Sie die Glocke aushöhlen. Auch hier haben Sie wieder eine Gelegenheit, den Haken herauszuholen. Setzen Sie in der Mitte an und drechseln Sie das Innere heraus. Achten Sie aber darauf, nicht zu viel wegzunehmen, da die Außenform noch bearbeitet und geschmälert wird. Entfernen Sie also erst einmal nur den Kern. Überlegen Sie, wie dick die Glocke an ihrer dünsten Stelle sein soll, und entfernen Sie nur so viel, dass das noch passt. Die Glocke selbst kann ruhig dünnwandig sein.

Schritt 3: Nun geht es an die Außenform. Drechseln Sie die Außenform mit dem Meißel so zurecht, dass sie vom Boden ausgesehen nach oben dünner wird. Vergessen Sie nicht, den glockentypischen Schwung zu bedenken.

Schritt 4: Wenn notwendig, höhlen Sie die Glocke unten noch ein wenig weiter aus, bis die Außenwände überall gleichmäßig dick sind. Dazu kann wieder ein kleiner Haken behilflich sein. Nutzen Sie nur eine niedrige Drehzahl, um zu viel Abrieb zu vermeiden.

Der Kreisel

Auch der Kreisel ist ein beliebtes Einsteigerprojekt.

Auch für den Kreisel arbeiten Sie mit einem Zylinderrohling, der beidseitig eingespannt und zunächst auf den entsprechenden Durchmesser des Kreisels gebracht wird. Danach wird er auf einer Seite abgeschraubt und einseitig bearbeitet.

Arbeiten Sie am besten mit einer Formröhre oder mit einer Schruppröhre. Das offene Ende des Rohlings wird die untere Hälfte. Hier setzen Sie wenige Zentimeter über dem Ende an und drechseln flach zum Ende hin eine Schräge, sodass unten eine Spitze entsteht. Bedenken Sie, dass ein Kreisel sehr flach ist, die Spitze zieht sich also anders als bei anderen Arbeiten nicht in die Länge. Wiederholen Sie dies, bis die untere Hälfte fertig ist. Auf der anderen Seite geschieht nun der gleiche Vorgang, jedoch können Sie hier oben die Spitze ein wenig dicker lassen, da dies der Stiel des Kreisels wird. Daher setzen Sie auch so tief an – damit Sie nach oben hin recht viel Platz für den Stiel haben.

Diesen drechseln Sie dünn und glatt, so, wie bei den anderen zylindrischen Werkstücken auch (das normale Ausschmälern). Schon haben Sie Ihr erstes Spielzeug gedrechselt.

Mit ein wenig Geschick und Übung können Sie Kreisel auch in beliebig vielen Formen und Größen herstellen. Toben Sie sich ruhig ein wenig aus.

Extra-Tipp: Bemalen Sie den Kreisel am Ende noch in bunten Farben, gerade Kinder werden große Augen machen.

Pilzfiguren

Pilzfiguren sind schöne Ideen für Gartenliebhaber oder als Dekoration für die Herbstzeit.

Auch hier eignen sich Äste oder Zylinderformen als Rohlinge. Für Pilzhüte gibt es ein spezielles Dreheisen, *Pilzeisen* genannt, es geht aber auch sehr gut ohne. Arbeiten Sie einfach wie gewohnt mit dem Meißel.

Den Rohling können Sie zunächst wieder generell glätten und schmälern. Dazu spannen Sie ihn wie gewohnt in die Drechselbank. Danach spannen Sie ihn einseitig am Reitstock mithilfe von Spannfutter ein und drechseln zunächst den Kopf des Pilzes. Dies gelingt sehr gut mit einer Schrupppröhre oder einer Formröhre. Dabei können Sie ganz nach Ihrer eigenen Vorstellung überlegen, wie Ihr Pilzkopf aussehen soll – eher spitz zulaufend oder eher rund? Wie immer Sie möchten.

Anschließend geht es vom Kopf Richtung Fuß. Diese Arbeit übernimmt wieder besser der Meißel. Tragen Sie schwungvoll Material ab, sodass der Pilzstiel dünn wird, doch der Fuß breit genug zum Stehen bleibt. Auf diese Art können Sie viele verschiedene Pilze herstellen.

Schalenleuchter für eine Kerze

Dieser Leuchter für die Kerze ist ebenfalls sehr simpel und funktioniert beinahe genauso wie eine einfache Schale (siehe oben). Befolgen Sie alle oben beschriebenen Schritte bis auf das Abtrennen des Mittelteils, welches im Inneren der Schale zunächst zurückbleibt. Drechseln Sie dieses nicht komplett weg, sondern drechseln Sie es plan (also zu einem flachen Punkt) und lassen Sie so eine Erhöhung von wenigen Millimetern stehen. In die Mitte können Sie dann am Ende einen Kerzendorn anbringen (etwa mithilfe eines Dübels). Schon haben Sie einen schönen Kerzenhalter.

Große Obstschale

Die große Obstschale können Sie nahezu genauso wie die kleine Schale herstellen – allerdings empfiehlt es sich, mit wesentlich stärkerem Material zu arbeiten, Sie wollen schließlich ein stabiles Werk herstellen. Nutzen Sie also einen breiten und dicken Rohling und fertigen Sie eine Schale auf die gleiche Art und Weise an, wie oben zuvor die kleine Schale. Arbeiten Sie hier mit einer langstieligen Schrupppröhre. Aufgrund des stärkeren Materials werden Sie mehr Kraft einsetzen müssen – auch eine gute Übungstaktik.

Dose mit Deckel

Versuchen Sie doch auch noch, eine Dose mit passendem Deckel herzustellen.

Das geht ähnlich einfach wie eine schlichte offene Dose. Zuerst glätten und schmälern Sie wie gewohnt den zylinderförmigen Rohling. Oben höhlen Sie die Dose jedoch nicht direkt aus, sondern arbeiten wenige Zentimeter unterhalb des offenliegenden Endes schräg zum Ende hin, um die Spitze des Deckels zu formen. Sie können oben mittig zum Beispiel auch eine kleine Kugel stehen lassen oder Sie lassen den Deckel der Dose einfach flach – sieht auch schön aus. Wichtig ist vor allem, den Deckel von der Dose zu trennen. Das gelingt folgendermaßen: Überlegen Sie sich, wie breit der Deckel sein soll. Etwa so viele Zentimeter unterhalb des Endes setzen Sie an und fügen eine kleine Kerbe ins Holz.

Dort setzen Sie an und schmälern das Holzstück wenige Millimeter. Schmälern Sie nur ein kleines bisschen, also gehen Sie nicht besonders weit in die Breite. Bedenken Sie: Dies wird der Teil, der nachher in das Doseninnere gesetzt wird. Je breiter Sie ihn machen, desto tiefer geht der Deckel in die Dose und desto weniger Platz haben Sie in Ihrer Dose.

Trennen Sie dann das Holzstück vom Rest des Rohlings und glätten Sie die neu entstandene Oberseite der Dose noch einmal nach. Nun können Sie den Rest des Rohlings wieder mit einem kleinen Haken aushöhlen. Beachten Sie, dass die Wände so dick sein sollten, dass der Deckel der Dose genau eingesetzt werden kann. Es ist also wichtig, genau zu messen. Anschließend schleifen Sie die Dosenteile wieder, um schöne und glatte Ergebnisse zu bekommen.

Der Teller

Auch ein Teller ist ein beliebtes AnfängerInnen-Projekt. Beginnen Sie auch hier mit einem runden scheibenartigen Rohling wie bei der Schale – der Teller-Rohling darf jedoch etwas breiter und dünner sein. Schließlich wird Ihr Teller flacher sein als die Schale, aber einen höheren Durchmesser haben.

Das Prinzip ist auch hier das gleiche wie bei der kleinen Schale: Der Rohling wird mit Spannfutter einseitig eingespannt und genau wie die Schale zum Boden hin bearbeitet. Nur wird er nicht so stark ausgehöhlt. Das muss er auch nicht, wenn Sie bereits einen flachen Rohling benutzen. Sie müssen die obere Hälfte nur ein wenig aushöhlen, sodass ein schmaler Tellerrand entsteht. So einfach kann es gehen!

Der Pizzateller

Der Pizzateller ist wohl gerade in der jüngeren Generation eines der beliebtesten Küchenutensilien. Auch ihn kann man relativ schnell und ohne große Vorkenntnisse selbst drechseln. Im Prinzip arbeiten Sie auch hier ähnlich wie bei dem kleinen Teller, nur muss der Rohling noch größer sein. Achten Sie daher umso mehr auf eine sichere Befestigung an der Drehbank. Außerdem ist ein Pizzateller meistens noch flacher als ein normaler Brotteller. Sie müssen hier die Oberseite also kaum vertiefen. Eine gute Übung für Ihr Feingefühl. Sie können den Teller im Prinzip auch nur plan drehen, wenn Sie bereits einen besonders schmalen Rohling verwenden.

Mörser

Ein Mörser ist ebenfalls ein gutes Beispiel einer einfachen Anfangsarbeit. Die Mörserschale lässt sich ähnlich einer einfachen Schale drechseln, sie benötigt jedoch einen breiteren Fuß, damit der Mörser auch wirklich festen Stand hat. Achten Sie außerdem darauf, dass der Mörser ausreichend dicke Wände hat.

Den Mörserstab können Sie ähnlich einer Treppensprosse anfertigen – nur wesentlich kürzer und ohne viele Kerben oder Schwingungen. Oder Sie orientieren sich an den Griffen des Nudelholzes. Nur achten Sie darauf, dass Sie an einem Ende schmaler werden als am anderen Ende. Das dicke Ende soll schließlich später Gewürze zerstoßen, das schmale Ende angenehm in der Hand liegen.

Honiglöffel

Der Honiglöffel ist ebenfalls ein einfaches Werk. Die Grundform ist hier ähnlich der des Mörserstabes: ein schmaler Stab mit einem dicken Ende und einem dünnen Griff. Der Honiglöffel sollte sich am Kopf jedoch etwas deutlicher vom Griff absetzen und weniger fließend übergehen. Außerdem müssen Sie für die bekannten Rillen sorgen. Dies können Sie sehr leicht, indem Sie einfach Kerben mit dem Meißel einfügen, ähnlich den Hohlkehlen des Rundstabes, nur wesentlich feiner. Das perfekte Geschenk für alle Honigliebhaber.

DRECHSELÜBUNGEN FÜR FORTGESCHRITTENE

Die nachfolgenden Übungen sind besonders gut machbar, wenn Sie bereits ein wenig Erfahrung an der Drechselbank haben. Viel Erfolg beim Nacharbeiten!

Kaffeelöffel

Der Kaffeelöffel kann ein wenig kniffliger werden. Nehmen Sie dazu ebenfalls einen zylinderförmigen Rohling und spannen Sie ihn beidseitig ein. Messen Sie an der einen Seite 40 cm ab und markieren Sie die Stelle. Dies wird der Kopf des Löffels. 40 cm sind ideal für Kaffeeportionen.

Nun schmälern und glätten Sie den Stiel bzw. Griff des Löffels bis zu dieser Markierung hin. Das kann wie immer durch einen Meißel geschehen. Beenden Sie die Arbeit an dem Stiel noch nicht ganz, damit er nicht zu dünn wird. Der Kopf lässt sich besser bearbeiten, wenn der

Stiel noch Kraft hat. Schrauben Sie den Kopf des Löffels frei und drechseln Sie ihn zu einer Kugel. Wenn Sie nun den Stiel bzw. Griff fertig drechseln möchten, spannen Sie zur Unterstützung ruhig den Kugelkopf wieder mit ein, doch verwenden Sie einen hölzernen Einsatz, damit keine Kratzer entstehen. Wenn der Stiel bzw. der Griff fertig ist, können Sie den Löffel herausnehmen und in ein spezielles Spannfutter einschrauben – entweder ein sogenanntes Holzspundfutter oder eine spezielle Spannzange für runde Formen. Dort spannen Sie den Kopf so ein, dass die Seite, die offen werden soll, zu Ihnen nach außen zeigt. Höhlen Sie den Kern der Kugel dann mit einem dünnen Haken aus. Sie können stattdessen auch einen dünnen Schaber und einen Bohrer verwenden.

Schon haben Sie Ihren eigenen Kaffeelöffel hergestellt.

Kugelschreiber

Der Kugelschreiber ist ein gutes Trainingsprogramm für Ihr Feingefühl. Bausätze für Schreibgeräte sind heute sogar recht beliebt. Sie können Sie im Fachhandel erwerben und so direkt alle Einzelteile – insbesondere die Metallteile und Mienen – zusammen erwerben. Die Rohlinge für die Drechselarbeiten müssen dann nur noch zurecht geformt werden und schon können Sie alles zusammenbauen. Die Rohlinge werden auf einem dünnen Aufsatz aufgesetzt und vorzugsweise mit einer Schrupppröhre bearbeitet. Doch Sie brauchen aufgrund der geringen Größe und der schmalen Bauteile viel Feingefühl. Versuchen Sie es, es wird Ihnen sicher Freude bereiten.

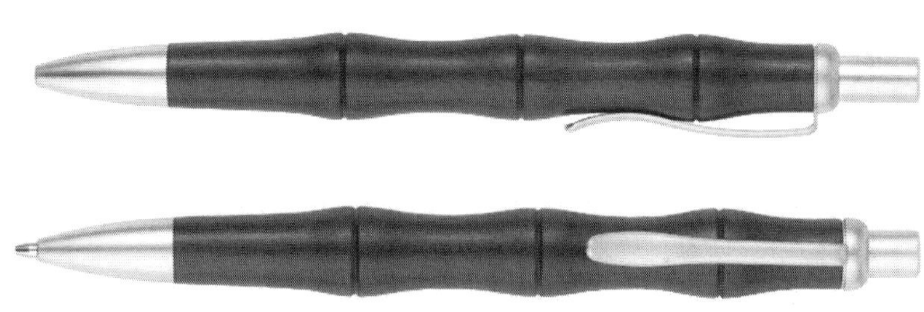

Pfeffermühlen

Pfeffermühlen gehören definitiv zu den kniffligeren Arbeiten, doch dafür sind es auch besonders schöne Handwerksstücke. Anfangen können Sie wie mit einem Rohling für eine Dose mit Deckel. Er sollte lang genug für die gewünschte Mühlengröße sein. Ein Mahlwerk für das Innere der Mühle benötigen Sie natürlich auch.

Beginnen Sie nach dem Glätten und Schmälern damit, den oberen Teil abzutrennen, und legen Sie diesen beiseite. Danach können Sie einen Bohrer zu Hilfe nehmen und das Innere des Unterteils ausbohren. Dort soll schließlich Platz für das Mahlwerk entstehen. Wenn Sie keinen Bohrer haben, geht das auch mit einem normalen Drechseleisen, es dauert lediglich ein wenig länger.

Anschließend müssen Sie das Innere so mit einem speziellen Eisen bearbeiten, dass es sich der Form des Mahlwerks anpasst. Dies kann eine Weile dauern und richtig knifflig werden, da Sie tief in das Innere des Rohlings hineinschauen müssen und wenig Arbeitsspielraum haben. Haben Sie dies allerdings geschafft, ist das Schwierigste schon beinahe vollbracht.

Auch der Kopf muss dergestalt ausgehöhlt werden, sodass der Mahlkopf hineinpasst. Er sollte aus der oberen Öffnung des unteren Teils gerade so herausgucken und wenig Bewegungsspielraum haben – sitzt er zu locker, mahlt die Mühle nicht. Wenn das alles geklappt hat, können Sie die Unterseite glätten und den Kopf aufsetzen. Für eine einfache längliche Mühle war es das auch schon. Das Kniffligste ist das Aushöhlen des Inneren für den Mahlkörper – doch das hängt ganz von dem von Ihnen ausgewählten Mahlkörper ab. Trauen Sie sich ruhig, wenn Ihnen das gelingt, haben Sie schon viel gelernt!

Knöpfe

Knöpfe werden durch Ihre geringe Größe besonders knifflig. Dabei braucht es vor allem Feingefühl und gutes Spannfutter.

Nehmen Sie kleine dünne Holzscheiben, die kaum größer und dicker als die Knöpfe werden sollen, als Rohlinge. Spannen Sie diese am besten zwischen Mitnehmer und Körnerspitze, wobei eine spitze Körnerspitze und ein zylinderartiges Spannfutter am Mitnehmer gut geeignet sind. Nun drehen Sie die Scheiben rund. Dies geht aufgrund der geringen Größe recht schnell. Danach brauchen Sie spezielle Spannzangen, die diese runden Scheiben festhalten können. Bringen Sie mit deren Hilfe die kleinen Kreise einseitig an die Drechselbank. Mit einer dünnen Formröhre können Sie nun die Scheibchen so aushöhlen, dass die bekannte Knopfform mit dem dünnen Rand entsteht. Dazu braucht es pro Knopf maximal 3 Sekunden, da die Rohlinge so dünn sind. Anschließend müssen Sie nur noch Löcher einbohren und fertig sind die Knöpfe.

Eierbecher

Eierbecher sehen gar nicht so knifflig aus. Tatsächlich lassen sich die Formen ähnlich wie Schalen drechseln, nur müssen Sie hier meist mehr Geschick anwenden, um einen dünneren und feineren Stiel zu erhalten und einen platten, aber standfesten Fuß. Daher ist dies auch eher eine Übung für Fortgeschrittene. Der Anfang funktioniert auch hier mit einem zylindrischen Rohling. Messen Sie den Kopf ab – also die Form für das Ei – und formen Sie zunächst darunter den Stiel grob vor. Dann nutzen Sie einen feinen Haken für das Aushöhlen des Kopfes und beenden anschließend den Stiel mitsamt Fuß. Wenn Sie Eierbecher drechseln können, werden Sie auch mit schönen Kelchen bestimmt keine Probleme haben.

DRECHSELÜBUNGEN MIT VERSCHIEDENEN MATERIALIEN

Nun haben Sie allerlei mit Holz gedrechselt und möchten sicherlich auch noch mit anderen Materialübungen experimentieren. Kein Problem – hier ein paar Anregungen, welche Materialien sich für welche Projekte eignen könnten.

Probieren Sie, Knöpfe auch aus Kunststoff herzustellen. Das Prinzip ist das gleiche, nur das Material ändert sich. So können Sie auch herrlich bunte Knöpfe für Ihre Garderobe erzeugen.

Vasen eignen sich sehr gut zum Experimentieren mit anderen Materialien, da Metalle etwa viel besser Wasser abhalten können als Holz. Wenn Sie Kelche und Schalen gedrechselt haben, werden Sie Vasen sicherlich auch hinkriegen.

Oder Sie bearbeiten eine Dose aus Knochen/Bein – das sieht beinahe wie Elfenbein aus. Sehr elegant!

Meistertipps

Sicherlich möchten Sie neben ein paar Tipps für den Einstieg und für die Sicherheit wissen, welche absoluten Meistertipps noch hilfreich sein können. Kein Problem! Hier finden Sie noch ein paar unverzichtbare Tipps für diejenigen, die es wirklich draufhaben wollen und langfristig zu den Profis gehören möchten.

NUTZEN SIE DIE VIELFALT DER TECHNIKEN

Probieren Sie auf jeden Fall nach und nach verschiedene Techniken aus. Langholzdrehen ist super und ebenfalls für viele verschiedene Werke geeignet. Wenn Sie jedoch langfristig besser werden möchten, sollten Sie keine Scheu davor haben, auch allerlei andere Techniken der Reihe nach auszuprobieren. Arbeiten Sie sich von einfacheren Techniken zu den etwas Schwierigeren vor. Auch wenn es einmal daneben geht oder Sie mehrere Anläufe brauchen: Geben Sie nicht auf. Sie werden merken, dass Sie mit jedem Mal zuverlässiger werden. Und je mehr Techniken Sie ausprobieren und meistern, desto besser werden Sie auch insgesamt. Sie entwickeln dadurch ein Gefühl für die Drehbank, die Werkzeuge und die Arbeit insgesamt. Also seien Sie mutig und testen Sie sich aus!

EXPERIMENTIEREN SIE AUCH MIT MATERIALIEN

Genauso wie Sie experimentierfreudig mit den Techniken sein sollten, so sollten Sie sich definitiv auch zutrauen, verschiedene Materialien auszuprobieren. Selbst wenn Sie Holz-Artikel lieben, kann die Arbeit mit anderen Materialien Ihnen große Vorteile verschaffen – ein Gefühl für verschiedene Werkzeuge, Arbeitsmethoden, Materialhärten usw. Sie entwickeln ein besonders großes Geschick und das wiederum wird Ihnen auch bei anderen Arbeiten weiterhelfen. Fangen Sie ruhig zunächst mit verschiedenen Hölzern an – auch hier werden Sie schnell Unterschiede in der Schwierigkeit feststellen. Wagen Sie sich danach auch an ungewohnte Materialien. Es gibt so viele Möglichkeiten, an der Drechselbank zu arbeiten, dass Sie sicherlich viel Freude dabei haben werden und richtig kreativ werden können.

SCHLEIFEN SIE IHRE WERKZEUGE

Dass Ihre Werkzeuge geschliffen sein müssen, wissen Sie bereits. Doch warum nicht wagen, Sie selbst zu schleifen? Natürlich können Sie das beim Profi machen lassen, aber wenn Sie längerfristig drechseln möchten, lohnt es sich womöglich doch, sich eine eigene Schleifmaschine anzuschaffen. Das kann Ihnen auf lange Sicht Zeit und Geld sparen und Sie können die Werkzeuge auch spontan nachschleifen, wenn Ihnen mitten in der Arbeit auffällt, dass es einmal wieder an der Zeit ist. Erkundigen Sie sich nach einer angemessenen Maschine und informieren Sie sich auch darüber, wie sie bedient wird. Eine Schleifmaschine sollten Sie im Fachhandel oder sogar im nächsten Baumarkt bekommen.

Extra-Tipp: Schleifmaschinen gibt es ebenfalls in verschiedenen Ausführungen. Wenn Sie eine Schleifmaschine mit Wasserkühlung besorgen, können Sie einen Magneten in das Wasserbehältnis werfen, der die abgeriebenen Metallpartikel der Werkzeuge anzieht, sodass sie sich nicht wieder auf die Schleifscheibe ablegen.

BESORGEN SIE SICH EINE GUTE DRECHSELBANK

Auch von diesem Tipp haben Sie schon einmal gehört. Doch hier noch einmal die Erinnerung, dass eine gute Drechselbank das A und O eines guten Drechslers ist. Achten Sie daher wirklich auf Qualität und auf eine gute Ausstattung. Besonders hilfreich kann es sein, eine Drechselbank auszuwählen, die Erweiterungsmöglichkeiten bietet. Für den Anfang mag eine einfache Handauflage zum Beispiel vollkommen ausreichend sein, jedoch kann es bei späteren und komplizierteren Werken von Vorteil sein, wenn Sie eine spezielle Handauflage besitzen. Diese Handauflage kann man in der Regel austauschen. Wenn Sie von vornherein wissen, dass Sie das Drechseln langfristiger betreiben möchten, kann es nicht schaden, beim Kauf der Bank direkt darauf zu achten, dass die Handauflage wirklich austauschbar ist. Achten Sie auch auf die Austauschbarkeit anderer Einzelteile. Schließlich und letztlich kann es sich auch empfehlen, einen Blick auf die Verfügbarkeit von Ersatzteilen und Austauschteilen zu werfen – wie leicht und preisgünstig sind die Teile nachzubestellen oder generell zu erhalten? Das kann Ihre Entscheidung durchaus beeinflussen.

NUTZEN SIE EXPERTENWISSEN

Sie kennen eine/n erfahrene/n Drechsler/In? Wunderbar – fragen Sie nach Tipps und Tricks. Jeder Profi hat meistens seine eigene Herangehensweise, doch ein paar zusätzliche Informationen können Inspiration geben. Tauschen Sie sich regelmäßig mit anderen Hobbyhandwerkern aus und experimentieren Sie nach Lust und Laune. Gemeinsames Handwerken oder auch einfach nur das Austauschen über das eigene Handwerk kann besonders viel Freude machen.

NUTZEN SIE IHRE EIGENE KREATIVITÄT

Gerade zu Beginn haben Sie sicherlich einige Vorlagen gesammelt und Projekte – wie aus diesem Buch – nachgedrechselt. Schritt-für-Schritt-Anleitungen sind am Anfang sehr hilfreich und meistens auch absolut notwendig. Je fortgeschrittener Sie sind, desto mehr eigene Kreativität sollten Sie sich jedoch zutrauen. Versuchen Sie es einmal mit Werkstücken, die Ihrer eigenen Vorstellungskraft entsprechen. Überlegen Sie sich selbst die Größe und die Muster und Formen bestimmter Werke und versuchen Sie, diese umzusetzen. Oder überlegen Sie sich einfach, welchen Gegenstand Sie drechseln möchten, auch wenn es dafür keine grobe Anleitung gibt – werden Sie selbst kreativ. Vielleicht haben Sie aber auch in der Küche oder im Wohnzimmer von Freunden etwas gesehen, was Sie in Ihrem eigenen Heim auch gerne hätten – warum nicht versuchen, es nachzudrechseln? Auch, wenn der eigentliche Gegenstand gar nicht aus Holz gemacht ist, können Sie viele Gegenstände dennoch aus Holz nachbauen oder Sie verwenden einen anderen Ausgangsstoff. So oder so sollten Sie mutig sein und neue Dinge ausprobieren, anstatt immer nur nach Vorlagen zu arbeiten. Natürlich heißt das nicht, dass Vorlagenarbeiten generell schlechter sind, aber wer nach langer Übungszeit selbst kreativ wird und nach der eigenen Vorstellung oder Skizze drechselt, hat häufig viel mehr Freude und übt sich so auch in Vorstellungskraft, Geschick und Technik. Und wenn Sie dann am Ende einen Gegenstand in der Hand halten, der Ihrem eigenen Kopf entsprungen ist, sind Sie vermutlich umso stolzer.

Also nur Mut und trauen Sie sich nach einer Weile ruhig etwas mehr zu. Sie werden schon bald allerlei knifflige Werke bestaunen können.

Behalten Sie diese Meistertipps im Hinterkopf und Sie werden auf lange Sicht sicherlich besser und schon bald einer der erfahreneren HandwerkerInnen sein, an die sich EinsteigerInnen für Tipps und Tricks wenden.

Bonusteil: Holzbearbeitung

Nach all dem Drechseln, Schnitzen, Schleifen etc. haben Sie sicherlich eine Reihe von schönen Werken gefertigt. Nun müssen Sie sich nur noch darum kümmern, dass Ihre Werke auch entsprechend langlebig sind und schön bleiben. Daher sollten Sie Ihre Gegenstände und Möbel nach dem Drechseln entsprechend nachbearbeiten, sprich, die Oberflächen pflegen und behandeln. Gerade Holz ist ein sehr beliebtes Material, jedoch leider auch sehr anfällig. Mit den entsprechenden Pflegeprodukten können Sie jedoch dafür sorgen, dass Ihr Werk nicht nur Jahre lang schön aussieht, sondern auch resistenter gegenüber allen möglichen Außeneinwirkungen und gegenüber dem natürlichen Alterungsprozess wird. Wie genau das geht und welche Möglichkeiten Sie haben, erfahren Sie in diesem Kapitel.

Grundsätzlich lässt sich die Holzoberfläche mit Öl, Lack oder Wachs bearbeiten. Normalerweise eignen sich alle drei Produkte für jede Holzart, solange das Holz noch unbehandelt ist. Holz, das zuvor bereits einmal behandelt worden war, sollten Sie stets mit dem gleichen Material wiederbehandeln. Falsch behandelt kann es ansonsten rissig werden und es können Abblätterungen entstehen.

Jedes dieser Produkte hat bestimmte Vor- und Nachteile. Manche eignen sich für bestimmte Werke besser als andere. Nutzen Sie dieses Kapitel daher dazu, sich einen Überblick zu verschaffen und herauszufinden, welche Methode für Sie die Beste ist.

LACK

Aufgrund seiner besonders hohen Effizienz ist Lack bei vielen Heimwerkern ein besonders beliebtes Mittel zum Bearbeiten von Holzoberflächen. Lacke gibt es zahlreiche verschiedene und jeder Lack hat eignen Vorzüge und Wirkungsweisen. Welcher Lack für Ihr Werk am besten geeignet ist, können Sie anhand der folgenden Übersicht feststellen.

1. *Wasserlösliche Acryllacke:* Wasserlösliche Acryllacke sind besonders gesundheitsschonend, da sie lösungsmittelfrei sind. Allerdings decken sie teilweise nicht komplett beim ersten Anstrich und benötigen daher manchmal einen zweiten, um ihre volle Wirkung zu entfalten. Dafür vergilben diese Lacke auch nach Jahren nicht und lassen das Holz so ohne neuen Aufwand lange schön und glänzend aussehen.
2. *Parkettlack oder Treppenlack:* Diese Lacke sind, wie die Namen schon verraten, besonders gut für alle Arten von Böden, Treppenstufen oder Parkett generell geeignet.
3. *Bootslack:* Trotz des speziellen Namens eignet sich Bootslack nicht nur für Boote, sondern auch für alle anderen stark beanspruchten und großen Flächen – also insbesondere für Werke, die ihren Nutzen draußen haben oder aus anderen Gründen häufiger in Kontakt mit zum Beispiel Wasser kommen könnten. Da ursprünglich für den Bootsbau gedacht, sind diese Lacke besonders robust und leistungsstark und bieten in der Regel nicht nur Schutz vor Feuchtigkeit, sondern auch vor UV-Strahlen, Salzwasser und

Abriebschäden.

4. *Polyurethanlacke:* Polyurethane sind Kunststoffe oder Kunstharze. Polyurethanlacke sind besonders robuste Lacke auf dieser Basis und eignen sich daher ebenfalls für besonders stark beanspruchte Flächen. Allerdings haben diese Lacke den Nachteil, dass sie im Laufe der Jahre häufig vergilben.
5. *Alkydharzlacke:* Diese Lacke gehören zu den klassischen Malerlacken. In der Regel vergilben sie auch nach Jahren nicht, sie sind also besonders langlebig, auch ohne zweiten Anstrich. Sie eignen sich außerdem besonders gut für Arbeiten, die ihren Nutzen draußen entfalten, da sie Feuchtigkeit bis zu einem gewissen Grad recht gut abhalten. Diese Lacke enthalten jedoch Lösungsmittel, sind also nicht ganz so umwelt- und gesundheitsfreundlich. Arbeiten Sie daher beim Anstrich lieber an der frischen Luft.

Die meisten Lacke können Sie als Klarlack oder als farblich deckende Lacke erwerben. Bis auf Acryllacke sind Lacke allerdings wenig umweltfreundlich (und auch Acryllacke sind nicht vollkommen einwandfrei). Außerdem wird durch die hohe Versiegelungskraft die Atmungsaktivität des Holzes vollkommen unterdrückt. Möchten Sie dennoch Lack zur Behandlung Ihres Werkes nutzen, achten Sie besonders auf die Herstellerangaben. Gerade bei Lack sind diese Hinweise, wie etwa die richtige Temperatur und die Trocknungszeit, besonders wichtig.

ÖL

Anstelle von Lacken können Sie bei der Holzbearbeitung auch auf diverse Öle zurückgreifen. Auch hier gibt es eine große Vielfalt, aus der Sie wählen können.

Spezielle Naturöle bieten den Vorteil, dass sie besonders tief in das Holz eindringen und zusätzlich zur Versiegelung auch eine pflegende Wirkung besitzen. Auf diese Art bieten sie langanhaltenden Tiefenschutz, ohne die natürliche Oberfläche des Holzes zu sehr zu verändern. Gerade, wenn Sie bereits besonders schönes Holz verwendet haben, lohnt es sich daher, auf solche Naturöle zurückzugreifen.

Sogenanntes spezielles Holzöl wiederum verdunkelt das Holz meist ein klein wenig und hebt die Maserung hervor.

Daneben gibt es außerdem noch speziellere Öle, die bis zu einem gewissen Grad auch zuverlässig vor Feuchtigkeit schützen.

Leider nutzen sich Öle im Vergleich zu Lacken relativ schnell ab, sie müssen daher regelmäßig angewendet werden. Dies geht jedoch mit einem getränkten Lappen sehr schnell und einfach. Es ist also kein besonders großer Mehraufwand. Öle sind leider auch nicht besonders widerstandsfähig gegen Wasserflecke, daher sollten verschüttete Flüssigkeiten bei ausschließlich mit Öl bearbeitetem Holz schnell aufgesogen werden.

Letztlich gibt es auch sogenannte Hartöle, die mit härterem Wachs versetzt sind. Diese Öle sind etwas langlebiger und eignen sich insbesondere für Böden und Treppenstufen. Außerdem sind sie ein wenig widerstandsfähiger in Bezug auf Wasserflecke. Bevor man diese Öle verwenden kann, sollte man das Holz jedoch ein wenig anschleifen.

Generell sollten Sie vor dem Ölen darauf achten, dass das Holz frei von Staub und Fett und dass die Oberfläche trocken ist. Am besten lässt sich das Öl mit einem dünnen Tuch auftragen.

WACHS

Weiterhin können Sie Ihr Holzstück auch mit Wachs versiegeln. Wachse gibt es in verschiedenen Farbtönen und für verschiedene Arten von Holz. Spezielle Wachse eignen sich besonders gut für Innen- bzw. Außenbereiche. Achten Sie daher beim Kauf darauf, ein Wachs zu kaufen, das sich für Ihr Vorhaben eignet. Spezielles Möbelwachs ist ähnlich pflegend und umweltfreundlich wie Öl, schützt allerdings ebenfalls kaum vor Wasserflecke. Dennoch wird es gerade aufgrund seines feinen Glanzes immer noch sehr gerne zum Bearbeiten verwendet – insbesondere für antike Möbel oder solche, die antik erscheinen sollen. Auch hier sollten die Werke vor dem Bearbeiten geschliffen werden und sauber sein. Wachs ist ein wenig langlebiger als Öl, jedoch empfiehlt es sich auch hier, die Oberfläche alle paar Monate erneut zu behandeln.

LASUR

Letztlich ist auch die Lasur eine Möglichkeit, Holzoberflächen zu bearbeiten. Lasuren sind Lacken nicht unähnlich, jedoch leichter zu verarbeiten. Sie erhalten außerdem die Maserung des Holzes besser. Jedoch sind Lasuren aufgrund ihres hohen Chemikalienanteils wenig umweltfreundlich und neigen dennoch ebenfalls zu einer hohen Anfälligkeit für Wasserflecke. Außerdem lassen sie sich recht schlecht polieren. Möchten Sie also eine glänzende Oberfläche haben, ist die Lasur nicht das Mittel der Wahl. Sollten Sie dennoch zur Lasur greifen, sollten Sie daran denken, das Holz auch nach der Oberflächenbehandlung nochmals zu schleifen. Der hohe Feuchtigkeitsgehalt der Lasur lässt das Holz nämlich nach Trocknungszeit ein wenig rissig und kratzig erscheinen.

Alles in allem sehen Sie also, dass es eine Vielfalt an Möglichkeiten gibt, Ihr Holz zu bearbeiten. Je nachdem, ob Sie Wert auf umweltfreundliches und gesundheitsfreundliches Material legen oder auf besonders hohe Deckkraft und Langlebigkeit, ob Sie Ihr Werk-Gebrauch drinnen oder draußen befindet, ob Sie Farbe oder eine klare Versiegelung wollen – es sind kaum Grenzen gesetzt. Die meisten Produkte sollten Sie auch problemlos im Baumarkt finden.

Schluss

Sie sind nun am Ende dieses Handwerkratgebers angekommen und haben allerlei Informationen zum Drechseln erhalten. Womöglich haben Sie sogar bereits erste Erfahrungen gesammelt und ein paar einfache Einstiegsprojekte durchgezogen. Herzlichen Glückwunsch! Sie haben die Geschichte des Drechslerhandwerks kennengelernt und erfahren, wieso es zeitweise aus dem Mittelpunkt des Handwerkens gefallen ist, aber auch, wieso es sich heute wieder größer werdender Beliebtheit erfreut. Ihnen wurden anschließend die wichtigsten Methoden und Techniken des Drechselns vorgestellt – angefangen mit dem für den Einstieg besonders geeigneten Langholzdrechseln. Wenn Sie erste Werke auf diese Art vollbracht haben, können Sie sich bereits an etwas kniffligere Verfahren wagen. Keine Sorge, wenn Sie erst einmal eine Weile beim Langholzdrechseln bleiben wollen – Übung macht den Meister und auch mit der einfachsten Methode können viele verschiedene Werke hergestellt werden. Gerade, wenn Sie sich an verschiedene neue Werkzeuge heranwagen möchten, kann es sogar hilfreich sein, bei der Arbeitsmethode zu bleiben, die Ihnen bereits vertraut ist.

Da Sie anfänglich sicherlich mit Holz starten, werden Sie wohl keine Drechselbank benötigen, die sich auch für Metalle eignet – es sei denn, Sie haben bereits ein wenig Erfahrung und wissen, dass Sie in Zukunft auch mit anderen Materialien arbeiten wollen. Das Schöne beim

Drechseln ist schließlich: Ein geringer Aufwand und simples Material sind nötig – doch knifflige Techniken und Diversitäten sind lediglich möglich.

Wenn Sie nicht allein loslegen möchten, schauen Sie doch einmal, ob es in Ihrer Nähe einen Anfängerkurs oder eine Hobbygemeinschaft gibt. Sicherlich finden Sie dort eine Reihe Gleichgesinnter und lernen dazu noch wertvolle Tricks von erfahreneren HandwerkerInnen. Oder Sie überreden einen Freund oder eine Freundin, mit Ihnen zu starten – gemeinsame Hobbys schweißen schließlich zusammen. Falls Sie zu den Menschen gehören, die sogar bevorzugt allein arbeiten, achten Sie nur auf die empfohlenen Schutzmaßnahmen (wie etwa eine Schutzbrille). Sie werden ganz bestimmt auch zuhause Ihr Vergnügen an der Drechselbank haben. Und das vermutlich für viele Jahre – denn stellen sich erst einmal die ersten Erfolgserlebnisse ein, wird Sie das Drechseln wohl kaum wieder loslassen. Schließlich ist es so einfach, alle möglichen Haushaltsartikel, Spielzeuge oder auch Kunst- und Dekorationsgegenstände selbst herzustellen. Daher bleibt zum Schluss nur wenig zu sagen, außer: Viel Erfolg mit Ihrem Handwerk. Bleiben Sie dran und erfreuen Sie sich und Ihre Liebsten mit ganz persönlicher Handwerkskunst.